Impressão legal

Saage Media GmbH
c/o SpinLab – The HHL Accelerator
Spinnereistraße 7
04179 Leipzig, Germany
E-Mail: contact@SaageMedia.com
Web: www.SaageMedia.com
Commercial Register: Local Court Leipzig, HRB 42755 (Handelsregister: Amtsgericht Leipzig, HRB 42755)
Managing Director: Rico Saage (Geschäftsführer)
VAT ID Number: DE369527893 (USt-IdNr.)

Editora: Saage Media GmbH
Publicação: 02.2025
Design da capa: Saage Media GmbH
ISBN Capa mole (pt): 978-3-384-52631-1
ISBN Ebook (pt): 978-3-384-52632-8

Legal / Avisos

Os links externos e referências às fontes listados neste livro foram verificados no momento da publicação. O autor não tem influência sobre os designs e conteúdos atuais e futuros das páginas vinculadas. O fornecedor do site vinculado é o único responsável por conteúdos ilegais, incorretos ou incompletos, bem como por danos decorrentes do uso ou não uso das informações, não quem se refere à respectiva publicação através de links. Todas as fontes externas utilizadas estão listadas na bibliografia. Apesar do cuidadoso controle de conteúdo, não assumimos responsabilidade pelo conteúdo de fontes externas. Os operadores das fontes citadas são os únicos responsáveis pelo seu conteúdo. Imagens e fontes de terceiros são marcadas como tal. A reprodução, processamento, distribuição e qualquer tipo de exploração fora dos limites dos direitos autorais requerem o consentimento por escrito do respectivo autor ou criador.
Este livro foi traduzido do alemão. Desvios do original ou erros de tradução não podem ser completamente descartados. Todas as fontes citadas no livro estão disponíveis em inglês. Não nos responsabilizamos por quaisquer imprecisões ou mal-entendidos de conteúdo que possam surgir através da tradução.
Os dados nos diagramas que não estão explicitamente marcados com uma fonte não são baseados em estudos, mas são suposições não vinculativas para melhor visualização.
Este livro foi criado usando Inteligência Artificial (IA) e outras ferramentas. Entre outras coisas, foram utilizadas ferramentas para pesquisa, escrita/edição e geração de ilustrações decorativas. Apesar do controle, os erros não podem ser completamente descartados. Gostaríamos de enfatizar que o uso de IA serve como uma ferramenta de suporte para proporcionar aos nossos leitores uma experiência de leitura de alta qualidade e inspiradora.

As referências e citações contidas neste livro foram cuidadosamente pesquisadas e reproduzidas em seu sentido. A interpretação e apresentação do conteúdo citado reflete a visão do autor e não necessariamente corresponde à intenção ou opinião dos autores originais. Em citações contextuais, as principais declarações das fontes originais foram incorporadas ao contexto desta obra de acordo com o melhor conhecimento e consciência, mas podem diferir das formulações e nuances de significado originais devido à transferência e simplificação. Todas as fontes utilizadas estão listadas completamente na bibliografia e podem ser consultadas no original. A responsabilidade pela interpretação e incorporação contextual do conteúdo citado é do autor deste livro. Para questões científicas e informações detalhadas, recomenda-se consultar as fontes originais. O autor se esforçou para apresentar assuntos científicos complexos de forma compreensível. Simplificações e generalizações não podem ser excluídas. Nenhuma garantia pode ser dada quanto à precisão técnica e completude das apresentações simplificadas. A reprodução contextual de citações e descobertas científicas é feita conscienciosamente em conformidade com o direito de citação de acordo com § 51 da Lei de Direitos Autorais e todas as disposições relevantes de direitos autorais de outros países. Na simplificação, transferência e possível tradução de conteúdo científico para uma linguagem geralmente compreensível, nuances de significado e detalhes técnicos podem ser perdidos. O autor não reivindica direitos sobre as obras citadas e respeita todos os direitos autorais dos autores originais. Se for identificado um uso não autorizado, o autor solicita notificação para tomar as medidas apropriadas. Para fins acadêmicos e uso como referência científica, recomenda-se expressamente recorrer às fontes originais. A apresentação simplificada serve exclusivamente para informação científica popular.

As informações contidas neste livro sobre pesquisa cerebral, neurociências e neuroplasticidade são baseadas em pesquisa cuidadosa e no estado científico no momento da impressão. No entanto, as descobertas científicas neste campo de pesquisa dinâmico podem evoluir continuamente. Os métodos apresentados para treinamento cerebral e otimização cognitiva devem ser entendidos como informações gerais e não substituem a consulta médica ou terapêutica individual. Em caso de problemas de saúde ou sintomas neurológicos, é imprescindível consultar um médico ou neurologista. A implementação dos exercícios e métodos de treinamento descritos é feita por conta e risco do usuário. Qualquer responsabilidade por possíveis efeitos negativos ou danos resultantes da aplicação das informações apresentadas é expressamente excluída. Todos os termos médicos utilizados, nomes de marcas de medicamentos ou procedimentos terapêuticos podem estar protegidos por direitos de marca e são utilizados sem garantia de livre utilização. Todas as fontes científicas estão listadas na bibliografia. Os conteúdos desta obra, incluindo todas as ilustrações do cérebro, estruturas e processos neurológicos, estão protegidos por direitos autorais. Qualquer utilização fora dos limites estritos da lei de direitos autorais é proibida sem consentimento.

Bendis Saage

Neurociências e Pesquisa Cerebral: Fundamentos do Desenvolvimento e Funcionamento do Cérebro

Um guia sobre plasticidade neural, emoções, cognição e otimização cerebral, da infância à idade adulta

113 Fontes
43 Diagramas
47 Imagens
7 Ilustrações

Queridos leitores,

agradecemos de coração por terem escolhido este livro. Com a vossa escolha, não só nos deram a vossa confiança, mas também parte do vosso precioso tempo. Agradecemos muito.

Nosso cérebro é um órgão fascinante que determina nosso pensar, sentir e agir - mas como ele realmente funciona? Este livro técnico oferece uma visão abrangente da pesquisa cerebral moderna e explica de forma clara os complexos processos da neuroplasticidade, desenvolvimento cerebral e capacidade cognitiva. Desde o desenvolvimento na primeira infância até a velhice, as principais descobertas das neurociências são iluminadas. Os leitores se beneficiam de insights práticos sobre aprendizado otimizado para o cérebro e métodos de treinamento baseados em evidências. A conexão entre fundamentos científicos e aplicação prática permite entender melhor e promover de forma direcionada a própria capacidade cognitiva. O livro transmite conhecimento sólido sobre neuroplasticidade, formação de memória e inteligência emocional - ideal para todos que desejam saber mais sobre o funcionamento de seu cérebro. Descubra o emocionante mundo das neurociências e utilize as descobertas da pesquisa cerebral moderna para seu desenvolvimento pessoal e profissional.

Este guia fornece informações compreensíveis e práticas sobre um tópico complexo. Graças a ferramentas digitais desenvolvidas internamente que também utilizam redes neurais, pudemos realizar pesquisas extensivas. O conteúdo foi estruturado de forma ideal e desenvolvido até a versão final para fornecer uma visão geral bem fundamentada e facilmente acessível. O resultado: você obtém uma visão abrangente e se beneficia de explicações claras e exemplos ilustrativos. O design visual também foi otimizado por meio deste método avançado para que você possa captar e usar as informações rapidamente.

Nos esforçamos pela máxima precisão, mas agradecemos qualquer indicação de possíveis erros. Visite nosso site para encontrar as últimas correções e adições a este livro. Estas também serão incorporadas em edições futuras.

Esperamos que goste de ler e descubra coisas novas! Se tiver sugestões, críticas ou perguntas, aguardamos seu feedback. Somente através da troca ativa com vocês, leitores, as futuras edições e obras poderão se tornar ainda melhores. Mantenha-se curioso!

Bendis Saage

Saage Media GmbH - Equipe

- www.SaageBooks.com/pt
- support@saagemedia.com
- Spinnereistraße 7 - c/o SpinLab – The HHL Accelerator, 04179 Leipzig, Germany

Acesso rápido ao conhecimento

Para garantir uma experiência de leitura ideal, gostaríamos de familiarizá-lo com as principais características deste livro:

- **Estrutura Modular:** Cada capítulo é independente e pode ser lido separadamente dos outros.
- **Pesquisa Aprofundada:** Todos os capítulos são baseados em pesquisa minuciosa e são apoiados por referências científicas. Os dados mostrados nos diagramas servem para melhor visualização e são baseados em suposições, não nos dados fornecidos nas fontes. Uma lista abrangente de fontes e créditos de imagem pode ser encontrada no apêndice.
- **Terminologia Clara:** Termos técnicos sublinhados são explicados no glossário.
- **Resumos dos Capítulos:** No final de cada capítulo, você encontrará resumos concisos que fornecem uma visão geral dos pontos principais.
- **Recomendações Concretas:** Cada subcapítulo conclui com uma lista de conselhos específicos para ajudá-lo a colocar em prática o que aprendeu.

Materiais bônus adicionais em nosso site

Em nosso site, planejamos disponibilizar os seguintes materiais exclusivos:

- Conteúdo bônus e capítulos adicionais
- Um resumo geral compacto
- Uma versão em radionovela. (Em planejamento)

O site está atualmente em construção.

www.SaageBooks.com/pt/
pesquisa_cerebral_e_neurociencias-bonus-BDD63LA

Índice

- 1. Fundamentos da Pesquisa Cerebral
  - 1. 1 Princípios da Neurociência
    - Estrutura do Sistema Nervoso
    - Conexões Neurais
    - Processos Bioquímicos
  - 1. 2 Neurociência Cognitiva
    - Processamento da Percepção
    - Funções da Memória
    - Processos de Tomada de Decisão
  - 1. 3 Neurociência Aplicada
    - Procedimentos Diagnósticos
    - Métodos de Terapia
    - Avaliação do Eletroencefalograma

- 2. Desenvolvimento Cerebral ao Longo da Vida
  - 2. 1 Desenvolvimento Cerebral Infantil
    - Fase Pré-natal
    - Processos de Aprendizagem na Primeira Infância
    - Desenvolvimento da Linguagem
  - 2. 2 Cérebro Adolescente
    - Influências Hormonais
    - Desenvolvimento Social
    - Propensão ao Risco
  - 2. 3 Cérebro Plástico
    - Neuroplasticidade
    - Capacidade de Regeneração
    - Mecanismos de Adaptação

- 3. Medicina Cerebral e Saúde
  - 3. 1 Dano Cerebral
    - Medidas Preventivas
    - Métodos de Reabilitação
    - Abordagens Terapêuticas
  - 3. 2 Energia Cerebral
    - Processos Metabólicos
    - Suprimento de Energia
    - Otimização do Desempenho
  - 3. 3 Nutrição Cerebral
    - Necessidades Nutricionais
    - Estratégias Nutricionais
    - Suplementação Nutricional

- 4. Mente e Emoções
  - 4. 1 Inteligência Emocional
    - Autoconsciência
    - Regulação Emocional
    - Competência Social
  - 4. 2 Cérebro Otimista
    - Estruturas de Pensamento Positivo
    - Resistência ao Estresse
    - Aumento da Motivação
  - 4. 3 Cérebro Autista
    - Percepção Especial
    - Padrões de Processamento
    - Possibilidades de Apoio

- 5. Otimização Cerebral
  - 5. 1 Aprendizagem Otimizada para o Cérebro
    - Estratégias de Aprendizagem
    - Técnicas de Memorização
    - Aumento da Concentração
  - 5. 2 Treinamento Cerebral
    - Exercícios Cognitivos
    - Treinamento Mental
    - Aumento de Desempenho
  - 5. 3 Cérebro Digital
    - Uso da Mídia
    - Processamento de Informações
    - Controle da Atenção
- Fontes
- Fontes de imagem

1. Fundamentos da Pesquisa Cerebral

Como bilhões de células nervosas individuais se transformam em uma consciência que percebe, sente e compreende o mundo? O cérebro humano é considerado o sistema mais complexo conhecido no universo e ainda guarda numerosos mistérios não resolvidos. A pesquisa cerebral moderna combina investigações anatômicas clássicas com técnicas de imagem altamente desenvolvidas e métodos de biologia molecular. Desde os princípios fundamentais do funcionamento de neurônios individuais até desempenhos cognitivos complexos, o entendimento do nosso órgão mais importante se revela passo a passo. As páginas a seguir introduzem o fascinante mundo das neurociências e mostram como os pesquisadores desvendam os segredos do cérebro.

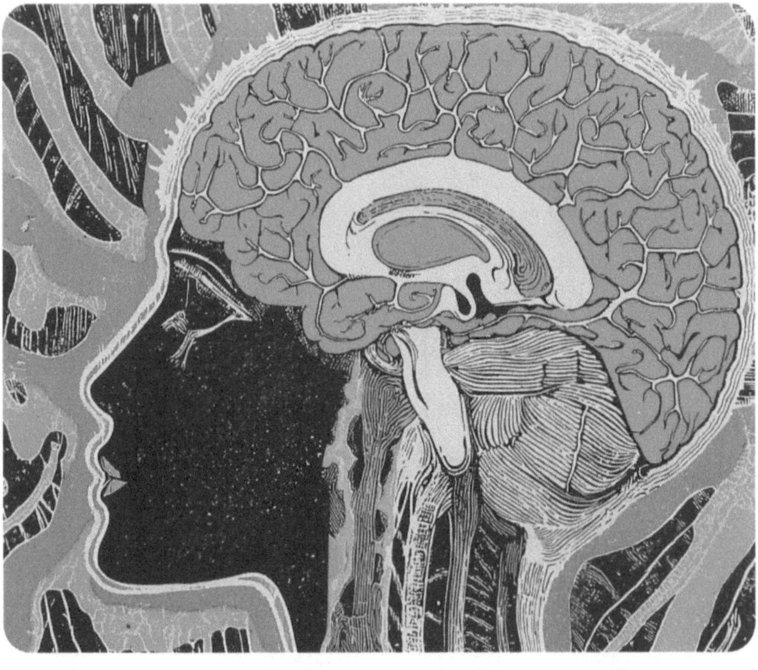

1. 1 Princípios da Neurociência

Este capítulo 'Princípios das Neurociências' ilumina os blocos fundamentais e os processos do sistema nervoso: estrutura, conexões e fundamentos bioquímicos. A compreensão desses princípios é essencial para decifrar as funções complexas do cérebro – da percepção ao comportamento. Ao mesmo tempo, isso abre novas perspectivas para o enfrentamento de doenças neurológicas e a otimização das habilidades cognitivas. Mergulhe no fascinante mundo da comunicação neural e descubra os segredos do cérebro.

A interação de genes, ambiente e experiência molda continuamente a estrutura e a função do cérebro, desde o desenvolvimento pré-natal até a idade adulta.

Estrutura do Sistema Nervoso

O sistema nervoso se divide em sistema nervoso central (SNC) e sistema nervoso periférico (SNP). O SNC, composto pelo cérebro e pela medula espinhal, processa informações e controla funções corporais. O SNP, uma rede de nervos que percorre todo o corpo, transmite informações sensoriais ao SNC e envia comandos motores do SNC para músculos e glândulas [s1]. O desenvolvimento do cérebro, a parte mais complexa do SNC, começa já na terceira semana de gestação e se estende até a adolescência tardia. Esse processo é dinâmico e é influenciado tanto por fatores genéticos quanto ambientais [s1]. Desde cedo no desenvolvimento, conexões neuronais excessivas se formam, que ao longo do tempo são moldadas por experiências e reduzidas por um processo de "Pruning" [s1]. Experiências na primeira infância podem influenciar de forma duradoura a conectividade sináptica no cérebro, estabelecendo assim a base para habilidades cognitivas futuras. O cérebro maduro é composto por mais de 100 bilhões de neurônios, que estão interconectados por mais de 60 trilhões de sinapses, formando redes neuronais complexas [s1]. Essas redes estão organizadas em substância cinzenta, que consiste principalmente de neurônios, e substância branca, que é composta por axônios mielinizados [s1]. A mielinização, que é essencial para a transmissão eficiente de sinais no sistema nervoso, continua até a adolescência tardia [s2]. Esse desenvolvimento contínuo da mielinização destaca a importância das influências ambientais e das experiências durante a adolescência para o desenvolvimento cognitivo. A integração sensorial, um processo pelo qual o sistema nervoso processa e integra informações sensoriais de várias fontes, como os sistemas vestibular, proprioceptivo e tátil, é crucial para a execução de ações e a adaptação ao ambiente [s3]. Uma integração sensorial bem funcionante nos permite, por exemplo, manter o equilíbrio enquanto caminhamos, perceber a posição de nossos

membros no espaço e sentir a textura do chão sob nossos pés. Distúrbios na modulação sensorial, que levam a reações excessivas ou insuficientes a estímulos sensoriais, podem impactar significativamente o cotidiano [s3]. A neuroplasticidade, a capacidade do sistema nervoso de se modificar em resposta a experiências, desempenha um papel crucial na integração sensorial e permite que o cérebro se adapte a condições sensoriais alteradas [s3].

Bom saber

Integração Sensorial

A integração sensorial é a capacidade do cérebro de processar informações de diferentes sistemas sensoriais, como visão, audição, tato, olfato e paladar, e integrá-las em um todo coeso. Isso nos permite perceber nosso ambiente e responder de forma adequada.

Mielinização

A mielinização é a formação de uma bainha de mielina ao redor dos axônios dos neurônios. Essa bainha de mielina atua como uma camada isolante e aumenta a velocidade da condução nervosa.

Neurônio

Os neurônios são as células especializadas do sistema nervoso responsáveis pela transmissão de informações na forma de sinais elétricos e químicos. Eles consistem em um corpo celular, dendritos e um axônio.

Neuroplasticidade

A neuroplasticidade descreve a capacidade do cérebro de mudar estrutural e funcionalmente ao longo da vida. Essa adaptabilidade permite que o cérebro responda a novas experiências e processos de aprendizagem e se recupere de lesões.

Pruning

Pruning refere-se ao processo de eliminação de conexões neuronais excessivas no cérebro, que ocorre durante o desenvolvimento. Esse processo otimiza as redes neuronais e melhora a eficiência do processamento de informações.

Distribuição dos Componentes do Sistema Nervoso

Distribuição aproximada das células no sistema nervoso humano.

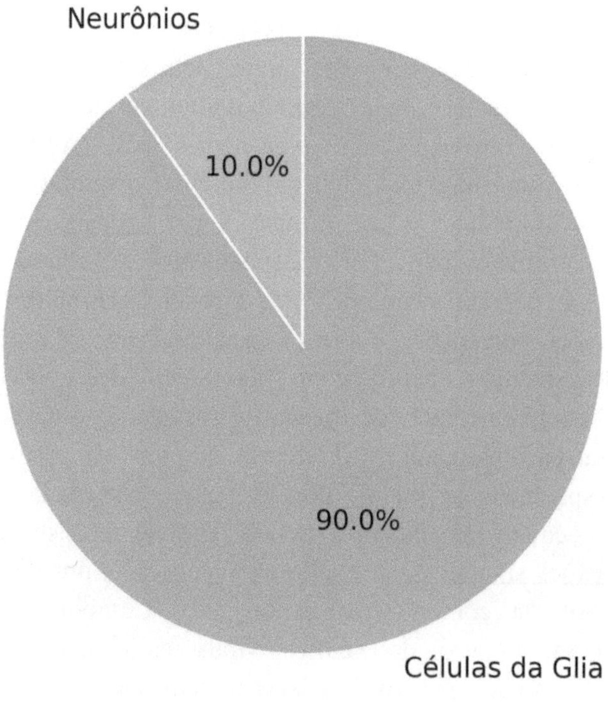

- CEL: Células da Glia
- NEU: Neurônios

A grande maioria das células do sistema nervoso são células da glia, destacando seu papel crucial de suporte para a função neuronal. Enquanto os neurônios são responsáveis pelo processamento de informações, a maior proporção de células da glia sugere a importância de manter um ambiente saudável para a atividade neuronal. Isso inclui fornecer suporte estrutural, isolamento e fornecimento de nutrientes.

Conexões Neurais

As conexões neurais formam a base do processamento de informações no cérebro. Projetos de pesquisa atuais concentram-se em mapear detalhadamente essas redes complexas para entender os princípios de sua organização e seu impacto no comportamento [s4]. Isso envolve não apenas a representação pura das conexões entre neurônios, mas também o desenvolvimento de tecnologias que possibilitem uma análise desses dados em uma resolução sem precedentes [s5]. Assim como na elaboração de um diagrama elétrico, busca-se capturar as conexões entre células individuais e até mesmo fibras axonais no cérebro de humanos e primatas [s6]. Esse mapeamento de conexões neurais, semelhante à decodificação de um circuito eletrônico complexo, promete novas percepções sobre o funcionamento do cérebro e a origem de doenças neurológicas [s7]. O desenvolvimento de tecnologias complementares de imagem e reconstrução desempenha um papel crucial para responder a diferentes questões de pesquisa e testar hipóteses específicas [s5] [s6]. Por exemplo, através da microscopia eletrônica e sequenciamento de DNA, é possível reconstruir neurônios e suas conexões sinápticas na escala nanométrica, a fim de explorar os detalhes finos da comunicação neural [s7]. Combinando diferentes métodos, como o uso de vetores virais para marcar populações neuronais específicas [s8], os cientistas podem definir com precisão as estruturas de entrada e saída dos neurônios e investigar seu significado funcional no comportamento. A análise da conectividade dos neurônios, ou seja, suas conexões entre si, permite identificar circuitos neurais e entender seu papel no processamento de informações. A integração de dados anatômicos com medições funcionais da atividade neural fornece uma visão abrangente do processamento de informações no cérebro [s8]. Por exemplo, circuitos de feedback entre neurônios, que ocorrem frequentemente em centros de aprendizado do cérebro [s9], podem ser

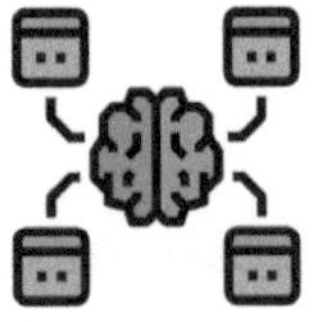

investigados para entender as bases neurais dos processos de aprendizagem. A identificação de hubs centrais na rede neural, que apresentam um número particularmente alto de conexões e frequentemente estão associados a centros de aprendizado [s9], permite decifrar os princípios de organização dos circuitos neurais. A pesquisa sobre as conexões neurais é, portanto, uma chave para entender as funções complexas do cérebro e oferece novas abordagens para o diagnóstico e tratamento de doenças neurológicas.

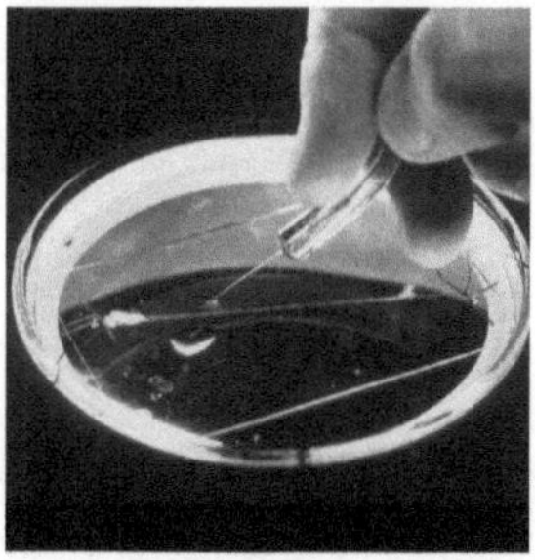

axônio [i1]

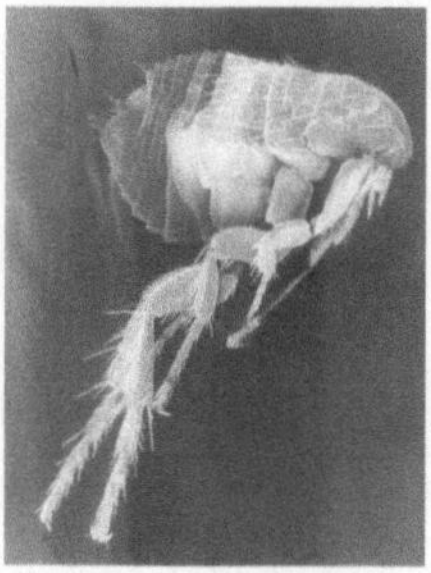

Microscópio eletrônico [i2]

Bom saber

Circuito de Feedback

Um mecanismo em que a saída de um sistema é retornada como entrada para influenciar a saída subsequente. No cérebro, circuitos de feedback desempenham um papel importante na regulação da atividade neural e nos processos de aprendizagem.

Sinapse

Ponto de conexão entre duas células nervosas ou entre uma célula nervosa e outra célula (por exemplo, célula muscular), onde as informações são transmitidas.

Escala Nanométrica

Uma faixa de tamanhos extremamente pequenos, um nanômetro é um bilionésimo de metro. Estruturas na escala nanométrica não são visíveis a olho nu.

Axônio

Prolongamento de uma célula nervosa que transmite sinais elétricos do corpo celular para outras células nervosas, músculos ou glândulas.

Hubs

No contexto de redes neurais, hubs são neurônios ou regiões do cérebro com um número particularmente alto de conexões com outros neurônios ou regiões. Eles desempenham um papel importante na integração e distribuição de informações no cérebro.

Força Sináptica ao Longo do Tempo

Ilustra a mudança na força sináptica com base na frequência de estimulação.

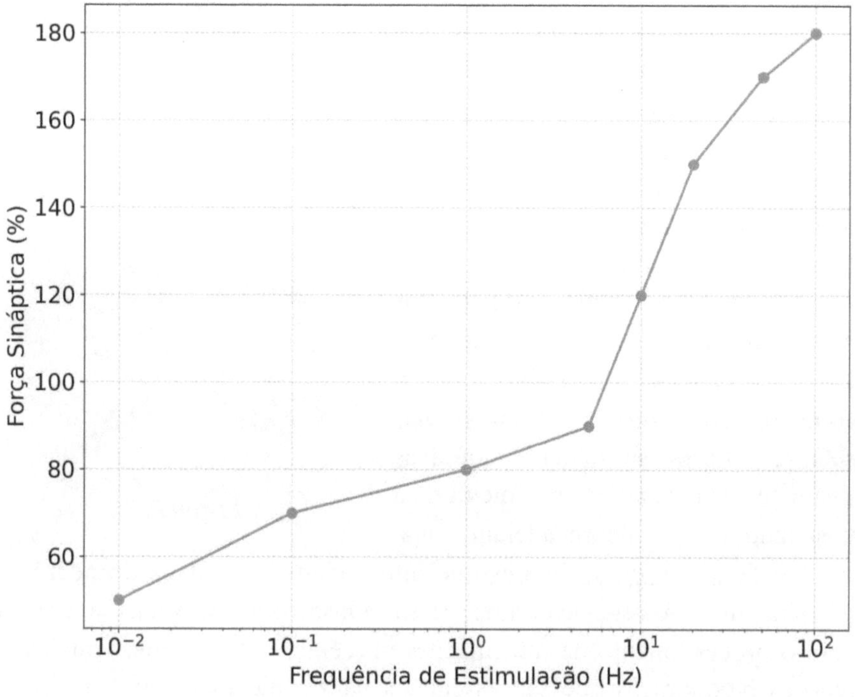

Este gráfico mostra o princípio de Hebb em ação: a estimulação frequente leva à potenciação de longo prazo (PLP), fortalecendo a conexão sináptica, enquanto a estimulação infrequente resulta em depressão de longo prazo (DLP), enfraquecendo a conexão. Este ajuste dinâmico da força sináptica é fundamental para a aprendizagem e memória.

Processos Bioquímicos

Os processos bioquímicos são indispensáveis para a função do sistema nervoso e influenciam tanto a comunicação entre neurônios quanto o desenvolvimento e a plasticidade do cérebro. Esses processos baseiam-se em uma variedade de moléculas, incluindo neurotransmissores, enzimas e fatores de transcrição, que, em interações complexas, controlam a transmissão de sinais, o metabolismo e a expressão gênica [s10]. Os neurotransmissores, como o glutamato e o GABA, possibilitam a comunicação entre neurônios nas sinapses. Essas substâncias químicas ligam-se a receptores na membrana pós-sináptica e desencadeiam uma cascata de sinais intracelulares que influenciam a atividade do neurônio pós-sináptico. A regulação fina dessa transmissão de sinais é crucial para o processamento de informações no cérebro. As enzimas catalisam reações bioquímicas que são essenciais para o metabolismo e a síntese de neurotransmissores. Elas também desempenham um papel na modificação de proteínas envolvidas na plasticidade sináptica, influenciando assim os processos de aprendizagem e memória. Fatores de transcrição como CREB regulam a expressão gênica e controlam a síntese de proteínas necessárias para a formação e manutenção de sinapses [s10]. A ativação do CREB pela atividade neuronal pode promover a plasticidade sináptica e, assim, apoiar a formação de memórias. Através do fortalecimento das conexões sinápticas, como

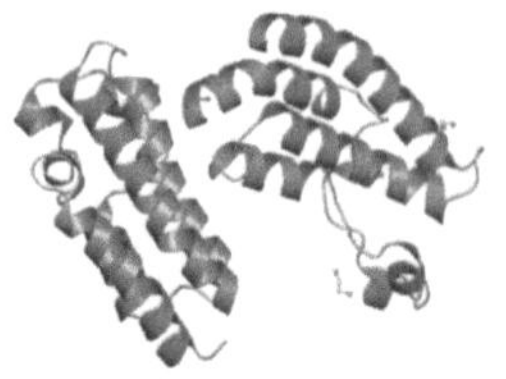

CREB [i3]

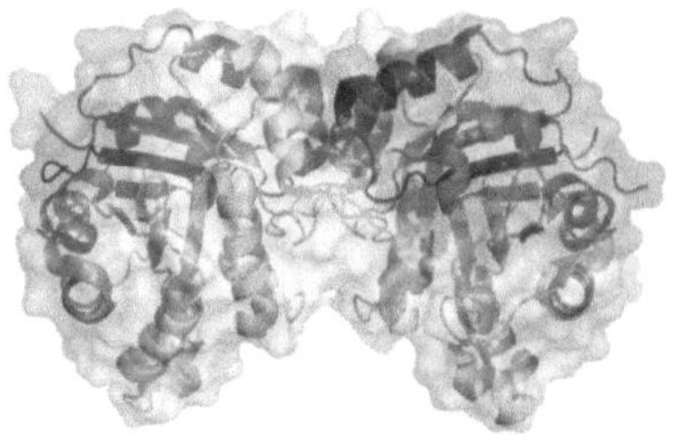

Enzimas [i4]

pela ativação repetida, conteúdos de memória podem ser armazenados a longo prazo. Essas mudanças bioquímicas nas sinapses formam a base para os processos de aprendizagem e a adaptação do cérebro a novas experiências [s11].

A compreensão desses processos pode ajudar a desenvolver estratégias para melhorar a aprendizagem, otimizando a saliência, intensidade e repetição dos conteúdos de aprendizagem [s11]. Por exemplo, a aprendizagem concentrada com repetições regulares pode promover a plasticidade sináptica e, assim, a formação de memórias. As redes neuronais que apoiam a tomada de decisões sociais e a moralidade também são influenciadas por processos bioquímicos [s12]. Disfunções nessas redes, como na psicopatia, podem levar a mudanças no comportamento e na interação social [s12].

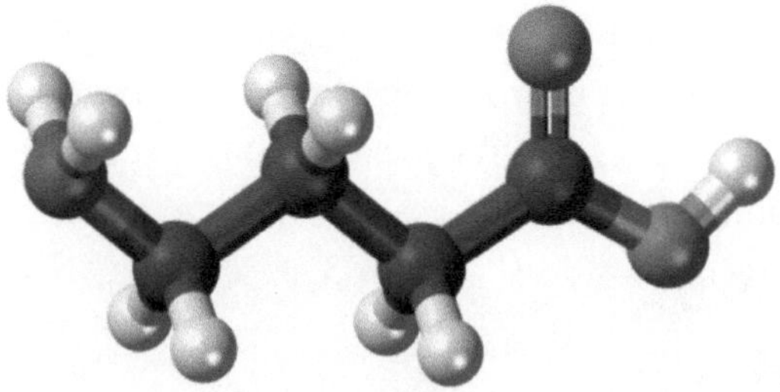

GABA [i5]

Bom saber

CREB

CREB (proteína de ligação ao elemento de resposta ao cAMP) é um fator de transcrição ativado pela atividade neuronal que regula a expressão de genes envolvidos na plasticidade sináptica e na formação de memórias.

Fator de Transcrição

Fatores de transcrição são proteínas que regulam a expressão gênica, controlando a transcrição de DNA em RNA. Eles influenciam a síntese de proteínas e desempenham um papel importante no desenvolvimento e na função das células.

Neurotransmissor

Neurotransmissores são substâncias químicas que transmitem sinais entre células nervosas através das sinapses. Diferentes neurotransmissores têm funções distintas no cérebro e influenciam, entre outras coisas, o humor, o sono, o apetite e a aprendizagem.

Intracelular

Intracelular refere-se a processos que ocorrem dentro de uma célula. Sinais intracelulares desempenham um papel importante no processamento de informações e na regulação das funções celulares.

Concentração e Efeito do Neurotransmissor

Relação entre a concentração do neurotransmissor, a força do efeito e a prevalência no cérebro.

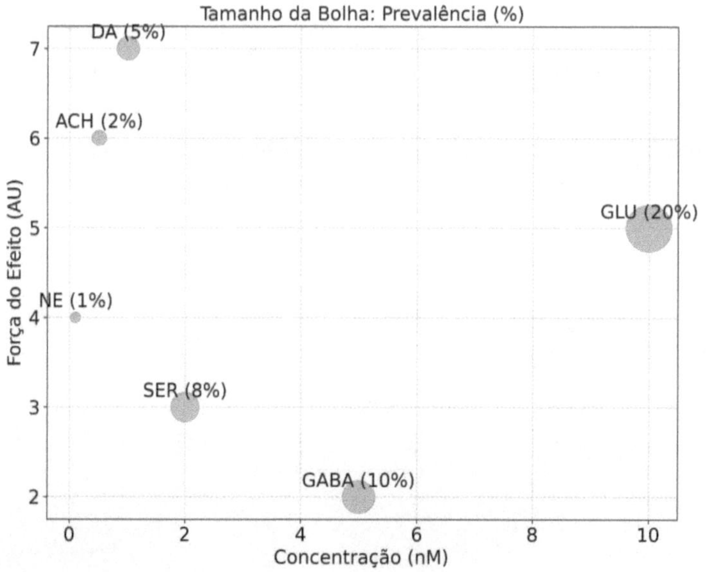

Blasengröße: Prevalência (%)

ACH: Acetilcolina

DA: Dopamina

GABA: GABA

GLU: Glutamato

NE: Norepinefrina

SER: Serotonina

Concentrações mais altas de certos neurotransmissores geralmente se correlacionam com efeitos mais fortes. No entanto, alguns neurotransmissores com menor prevalência mostram efeitos potentes mesmo em baixas concentrações, sugerindo alta afinidade do receptor ou ação localizada. A variabilidade no tamanho reflete a diversidade de papéis que esses neurotransmissores desempenham no cérebro, com bolhas maiores indicando uma influência mais ampla em várias funções cognitivas.

1. 2 Neurociência Cognitiva

As neurociências cognitivas investigam como nosso cérebro processa, armazena e utiliza informações para tomar decisões. Desde a percepção do ambiente até funções de memória e processos de decisão complexos – este capítulo ilumina as bases neuronais de nossas habilidades cognitivas. Ele destaca tanto os benefícios cotidianos de um desempenho cognitivo ideal quanto os desafios que surgem quando esse desempenho é comprometido. Mergulhe no fascinante mundo da cognição e descubra os processos que determinam nosso pensamento e ação.

A percepção não é uma recepção passiva, mas uma construção ativa da nossa realidade, moldada por experiências individuais, contexto cultural e plasticidade neural.

Processamento da Percepção

O processamento da percepção descreve como nosso cérebro capta, organiza e interpreta informações sensoriais do nosso ambiente para construir uma representação significativa do mundo. Este processo não é passivo, mas ativo e construtivo, influenciado por nossas experiências, expectativas e nosso contexto cultural [s13] [s14]. Assim, pessoas de culturas da Ásia Oriental tendem a perceber informações contextuais, enquanto culturas ocidentais se concentram mais em objetos centrais [s13]. Essas diferenças culturais se refletem na atividade neural no córtex visual ventral, que é responsável pelo processamento da percepção. Orientais mostram uma ativação mais forte ao processar informações contextuais, enquanto ocidentais reagem mais a objetos [s13]. Aqueles que desejam treinar suas habilidades perceptivas no dia a dia podem tentar perceber conscientemente o ambiente como um todo, em vez de se concentrar apenas em objetos individuais. Preste atenção, por exemplo, na próxima caminhada, não apenas no caminho à sua frente, mas também nas árvores, casas e pessoas ao seu redor. Os primeiros anos de vida são cruciais para o desenvolvimento do processamento da percepção [s15]. A plasticidade neural é particularmente alta nesse período, o que significa que experiências influenciam fortemente o desenvolvimento das redes neurais no cérebro. Assim, os bebês se especializam ao longo do tempo nos rostos de seu entorno e perdem a capacidade de distinguir entre rostos de outras culturas tão bem quanto nos primeiros meses de vida [s15]. Isso demonstra como experiências na primeira infância moldam o processamento da percepção posterior. Influências culturais também se manifestam no processamento de estímulos sociais e emocionais [s14]. A amígdala, uma região do cérebro envolvida no processamento de emoções, reage de maneira diferente a sinais sociais, dependendo do contexto cultural. Isso sugere que tanto mecanismos universais quanto específicos de cultura influenciam a percepção emocional. A pesquisa em neurociências culturais utiliza técnicas de imagem, como a ressonância magnética funcional (fMRI) e potenciais relacionados a eventos (ERPs), para investigar as bases neurais das diferenças culturais no processamento da percepção [s14]. Pesquisas futuras devem examinar mais de perto a influência de fatores como status socioeconômico e o processo de aculturação sobre o processamento neural [s14]. O desenvolvimento de habilidades linguísticas está intimamente ligado ao processamento perceptivo de sons da fala [s15] [s16]. Desde cedo, os bebês podem distinguir unidades fonêmicas, e essa habilidade correlaciona-se com competências linguísticas e de leitura posteriores [s16]. A interação social desempenha um papel importante, pois promove a atenção e o engajamento dos bebês, melhorando assim o processamento da linguagem [s16]. Aqui também se evidencia a importância das experiências precoces para o desenvolvimento do processamento da percepção. Em resumo, o processamento da percepção é um processo complexo e dinâmico, influenciado por uma variedade de fatores. Desde nossas experiências iniciais e nosso contexto cultural até os mecanismos neurais subjacentes ao processamento de informações sensoriais, diferentes níveis interagem para moldar nossa percepção individual do mundo. Compreender esses processos pode nos ajudar a entender e otimizar melhor nossas próprias habilidades perceptivas.

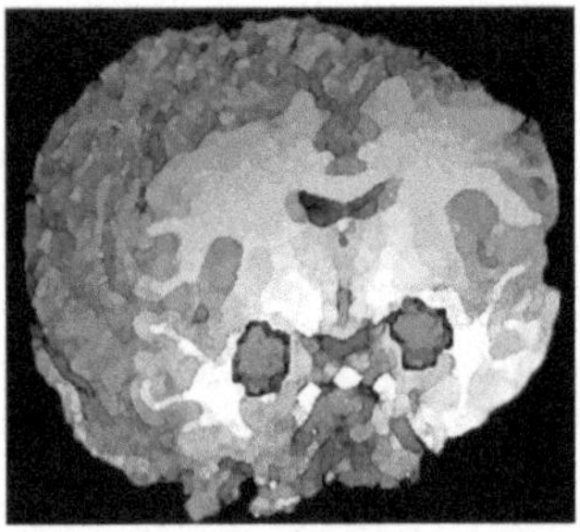

Amígdala [i6]

Bom saber

Aculturação

O processo de adaptação a uma nova cultura, que pode influenciar a percepção, o pensamento e o comportamento, afetando o processamento neural.

Amígdala

Estrutura em forma de amêndoa no cérebro, envolvida no processamento de emoções, especialmente medo e ansiedade, desempenhando um papel importante na avaliação emocional de situações.

Córtex Visual Ventral

Esta parte do cérebro desempenha um papel fundamental no reconhecimento de objetos e no processamento visual de informações que são cruciais para nossa compreensão do mundo.

Plasticidade Neural

A capacidade do cérebro de mudar e se adaptar através de experiências, formando novas conexões neurais ou alterando as existentes. É a base para aprendizado e desenvolvimento.

Unidades Fonêmicas

As menores unidades sonoras que distinguem significados em uma língua, que formam a base para a percepção e processamento da fala.

Tempo de Processamento de Estímulos Sensoriais

Tempo de processamento no cérebro

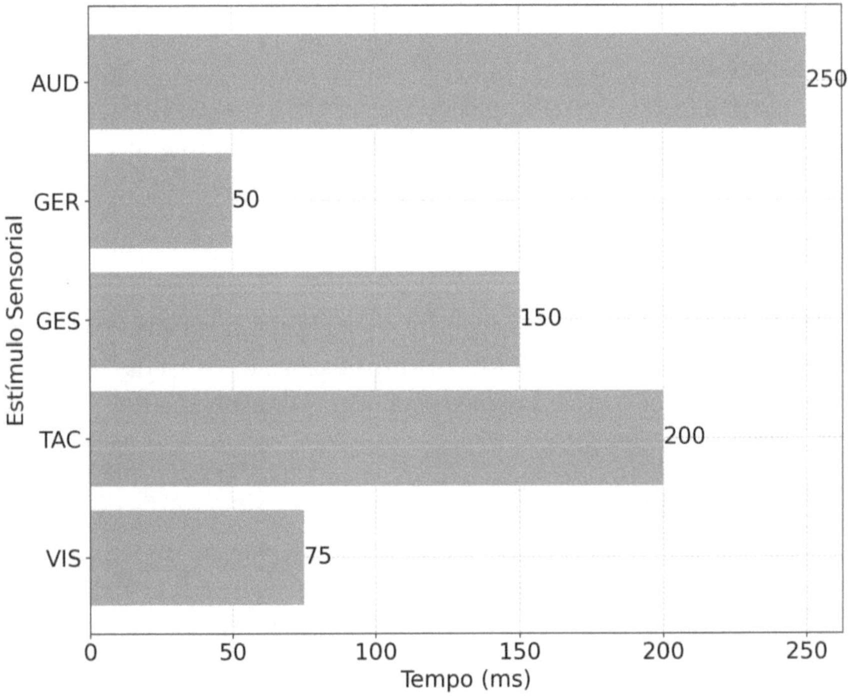

AUD: Audição

GER: Olfato

GES: Paladar

TAC: Tato

VIS: Visão

O gráfico de barras horizontal visualiza o tempo estimado de processamento de diferentes estímulos sensoriais no cérebro. O processamento mais rápido ocorre com o tato, seguido pela audição. O paladar e o olfato levam um pouco mais de tempo, e o processamento visual é o mais complexo e demorado.

Funções da Memória

As funções da memória são multifacetadas e podem ser divididas em diferentes sistemas que interagem e desempenham diversas tarefas [s17]. Uma área central é a memória de trabalho, que armazena e processa informações temporariamente [s17] [s18]. Ela atua como um bloco de notas, permitindo que nos lembremos de números de telefone por um curto período ou que concluamos um raciocínio enquanto estamos expostos a outros estímulos [s18]. Este sistema está intimamente ligado ao córtex pré-frontal e ao córtex parietal posterior, regiões do cérebro responsáveis por funções cognitivas superiores [s17] [s18]. Não apenas a atividade neural persistente, mas também mudanças temporárias nas synaptischen_verbindungen desempenham um papel no funcionamento da memória de trabalho [s18]. Através da direcionamento intencional da atenção para representações armazenadas internamente, que provêm da memória de longo prazo, informações sensoriais ou motoras, as informações são incorporadas à memória de trabalho [s18]. Pratique focar sua concentração, tentando, por exemplo, memorizar uma lista de compras enquanto realiza outra atividade, como ouvir música. A memória declarativa, por outro lado, armazena fatos e eventos que podemos recuperar conscientemente - nosso conhecimento sobre o mundo e nossas experiências pessoais [s17]. O hipocampo e o lobo temporal medial são estruturas centrais para a formação e recuperação de memórias declarativas [s17]. Além da memória de trabalho e da memória declarativa, existe a memória não declarativa. Ela abrange habilidades, hábitos e condicionamentos que geralmente atuam de forma inconsciente, como andar de bicicleta ou digitar em um teclado [s17]. O sono é essencial para a consolidação do conteúdo da memória, com diferentes fases do sono apoiando diferentes tipos de memória [s17]. Uma dieta equilibrada com quantidade suficiente de ácidos graxos ômega-3 pode influenciar positivamente a plasticidade sináptica e, assim, o desempenho da memória [s19]. Ao mesmo tempo, grandes quantidades de ácidos graxos saturados podem prejudicar o processamento cognitivo [s19]. A combinação de dieta e exercício também tem um efeito benéfico sobre a plasticidade sináptica e, portanto, sobre a função da memória [s19]. Preste atenção à ingestão adequada de ácidos graxos ômega-3 através do consumo de peixes gordurosos ou da ingestão de suplementos alimentares apropriados. Combine isso com atividade física regular para otimizar seu desempenho de memória.

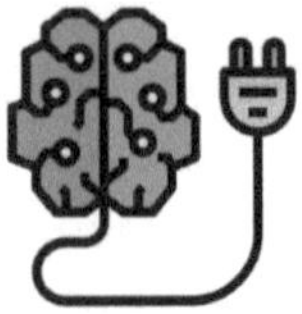

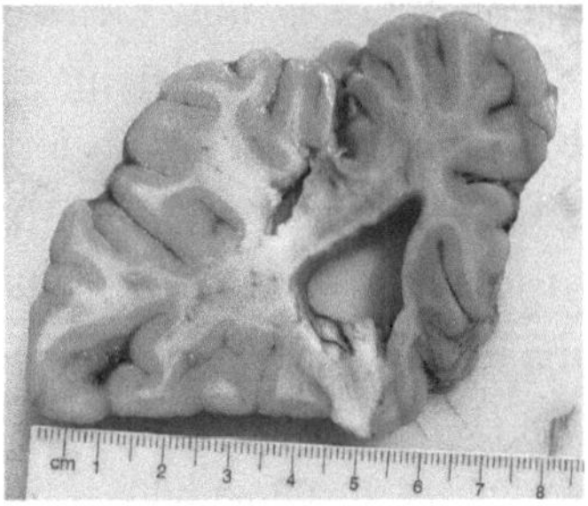

Lobo parietal [i7]

Bom saber

córtex parietal posterior

O córtex parietal posterior está envolvido no processamento de informações espaciais, controle de movimentos e atenção. Ele integra informações sensoriais de diferentes modalidades para criar uma representação coerente do mundo ao nosso redor. Danos nesta área podem levar a dificuldades na orientação espacial, na execução de movimentos direcionados e na atenção visual.

Memória não declarativa

A memória não declarativa, também chamada de memória implícita, armazena conhecimento procedural, habilidades, hábitos e condicionamentos que são recuperados de forma inconsciente. Exemplos incluem andar de bicicleta, nadar ou tocar um instrumento musical. Este sistema de memória nos permite realizar ações automatizadas sem precisar pensar conscientemente sobre elas.

Plasticidade sináptica

A plasticidade sináptica refere-se à capacidade das sinapses de alterar sua força em resposta à atividade neural. Essa adaptabilidade é a base para o aprendizado e a memória. A potenciação de longo prazo (LTP) e a depressão de longo prazo (LTD) são mecanismos importantes da plasticidade sináptica que aumentam ou diminuem a eficiência da transmissão sináptica.

Distribuição das Funções de Memória

Visualizando as proporções de diferentes tipos de memória dentro da arquitetura cognitiva.

EXP: Memória Explícita (Declarativa) (parte da MLD)

IMP: Memória Implícita (Não Declarativa) (parte da MLD)

MLD: Memória de Longo Prazo

MT: Memória de Trabalho

Enquanto a Memória de Longo Prazo domina em termos de capacidade de armazenamento, suas subdivisões de memória Explícita (consciente) e Implícita (inconsciente) destacam as diversas maneiras pelas quais retemos e recuperamos informações. A proporção relativamente menor da Memória de Trabalho ressalta seu papel crucial como o centro de processamento ativo, constantemente manipulando e atualizando informações da entrada sensorial e do armazenamento de longo prazo. Essa interação entre os diferentes sistemas de memória permite funções cognitivas complexas.

Processos de Decisão

Os processos de decisão são complexos e são influenciados por diversos fatores. As decisões sociais exigem a consideração das intenções e objetivos dos outros, sendo que a chamada *Teoria da Mente* desempenha um papel central [s20]. Redes neurais que processam decisões sociais incluem áreas para a avaliação de estímulos, a compreensão de estados mentais e a seleção de respostas [s20]. Decisões morais baseiam-se na integração de expectativas estatísticas e crenças normativas, moldadas por contextos culturais e históricos [s20]. A empatia e a motivação pela justiça são fatores cruciais que influenciam a sensibilidade à injustiça [s20]. Decisões sociais e morais estão intimamente ligadas à capacidade de entender intenções e avaliar a gravidade de danos [s20]. Disfunções nessas redes neurais podem levar a distúrbios como a psicopatia, caracterizada pela falta de empatia e motivação moral [s20]. Além das decisões sociais e morais, existem outros aspectos importantes na tomada de decisão. O processamento de recompensa e punição ocorre em redes neurais separadas. O sistema de recompensa está associado ao *córtex pré-frontal ventromedial*, enquanto o sistema aversivo envolve a *ínsula anterior* e o *córtex cingulado anterior* [s20]. Esses sistemas interagem em decisões que têm consequências tanto positivas quanto negativas. Um desequilíbrio nesses sistemas pode levar a dificuldades em pesar recompensas de curto prazo contra consequências de longo prazo, o que é observado em comportamentos de dependência [s21]. A dependência pode ser considerada um distúrbio da tomada de decisão, caracterizado por uma deficiência no autocontrole [s21]. A pesquisa sobre tomada de decisão utiliza *modelos computacionais* para explicar os mecanismos de aprendizado de recompensa [s22]. Influências sociais também afetam os processos de decisão, o que é investigado pela cognição social [s22]. Métodos de estimulação cerebral não invasivos estão sendo estudados para entender seus efeitos na tomada de decisão [s22]. A capacidade de tomar decisões baseia-se em uma interação entre a atividade neural espontânea e influências externas [s23]. Processos neurais inconscientes frequentemente iniciam decisões antes que elas se tornem conscientes [s23]. O *potencial de prontidão*, um indicador de preparação para movimento, pode ser influenciado pelo ruído de fundo neural [s23]. No entanto, temos a capacidade de interromper movimentos já iniciados, o que sugere uma instância de controle que vai além da tomada de decisão consciente [s23]. Este conceito de livre-arbítrio baseia-se em um repertório de habilidades que podem ser acionadas sem controle consciente constante [s23]. Para melhorar a tomada de decisão, você pode treinar sua capacidade de suprimir reações impulsivas. Por exemplo, se você sentir o impulso de comer um doce não saudável, pare e considere brevemente as consequências de longo prazo. Essa interrupção consciente do comportamento automático fortalece os processos de controle cognitivo e promove uma tomada de decisão mais equilibrada.

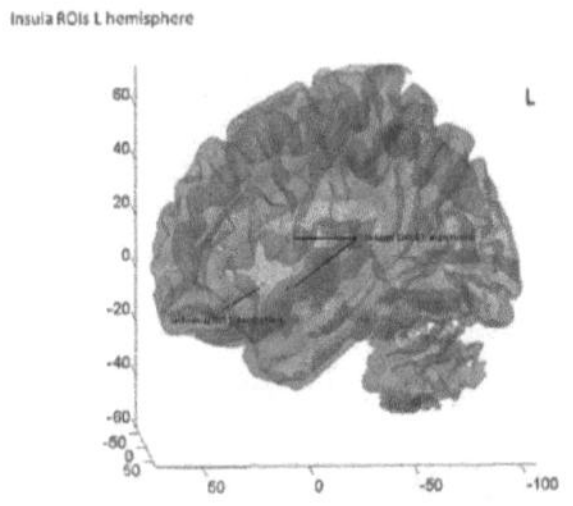

Ínsula anterior [i8]

Córtex Pré-Frontal Ventromedial

Uma área no lobo frontal do cérebro envolvida no processamento de emoções, recompensas e na tomada de decisão. Lesões nesta área podem levar a mudanças no comportamento social e na personalidade.

Métodos de Estimulação Cerebral Não Invasivos

Técnicas para influenciar a atividade cerebral sem a necessidade de intervenção cirúrgica. Exemplos incluem a estimulação magnética transcraniana (TMS) e a estimulação transcraniana de corrente contínua (tDCS). Elas são utilizadas na pesquisa para investigar a função de áreas específicas do cérebro e na terapia para tratar doenças neurológicas e psiquiátricas.

Potencial de Prontidão

Um sinal neural que ocorre no cérebro pouco antes da execução de um movimento voluntário. É interpretado como uma medida da preparação do cérebro para o movimento e pode ser medido por meio de eletroencefalografia (EEG).

Teoria da Mente

A capacidade de entender e interpretar os estados mentais de outras pessoas, como seus pensamentos, intenções, desejos e crenças. Desempenha um papel importante na interação social e na tomada de decisão.

Tempos de Resposta na Tomada de Decisões

Tempos médios de resposta para diferentes tipos de decisão

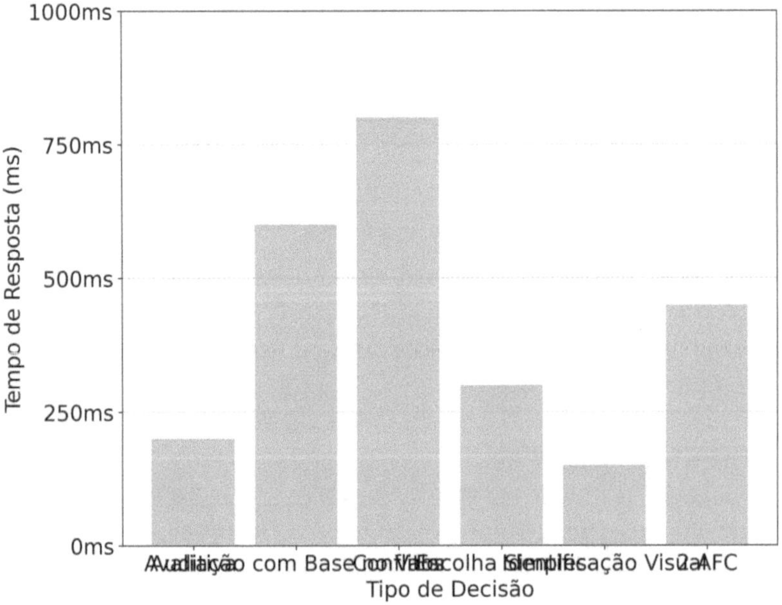

2-AFC: Escolha Forçada de 2 Alternativas | Aud: Discriminação Auditiva
Conf: Resolução de Conflitos (Stroop) | Eval: Avaliação com Base no Valor
Sim: Escolha Simples | Vis: Identificação Visual

Os dados demonstram claramente o impacto da complexidade da decisão no tempo de resposta. Decisões simples, como identificar um objeto familiar, exigem processamento mínimo e, portanto, exibem os tempos de resposta mais rápidos. À medida que a carga cognitiva aumenta, com decisões envolvendo avaliação, comparação ou conflito, observamos um aumento correspondente no tempo de resposta. Isso sugere que decisões mais complexas envolvem mais regiões do cérebro e exigem um processamento mais elaborado, levando a respostas mais lentas.

1. 3 Neurociência Aplicada

As neurociências aplicadas traduzem a pesquisa básica em diagnóstico e terapia. Desde a medição da atividade neuronal por meio de EEG e fMRI até a estimulação de áreas específicas do cérebro: métodos inovadores oferecem novas possibilidades para entender e tratar doenças neurológicas e psiquiátricas. Ao mesmo tempo, a complexidade do cérebro e a interpretação dos dados obtidos apresentam desafios para a pesquisa. Neuroplasticidade, processos de aprendizagem e motivação são temas centrais que demonstram o potencial para melhoria cognitiva e reabilitação. O desenvolvimento de terapias personalizadas e a otimização de métodos existentes são objetivos importantes das neurociências aplicadas. Mergulhe no fascinante mundo das neurociências aplicadas e descubra a crescente compreensão da função cerebral e sua influenciabilidade.

O progresso nas neurociências aplicadas, especialmente no diagnóstico e na terapia, depende fundamentalmente da combinação sinergística de diferentes métodos e tecnologias.

Procedimentos Diagnósticos

Os procedimentos diagnósticos nas neurociências estão se desenvolvendo rapidamente, impulsionados por novas tecnologias e descobertas sobre a complexa funcionalidade do cérebro. A investigação da atividade neuronal, desde o nível de células individuais até redes de grande escala, é crucial para a compreensão das funções e distúrbios cerebrais. Procedimentos tradicionais, como a eletroencefalografia (EEG), capturam a atividade elétrica do cérebro através de eletrodos no couro cabeludo e fornecem informações sobre a atividade cerebral geral em tempo real. A magnetoencefalografia (MEG) mede os campos magnéticos gerados por correntes elétricas no cérebro e oferece uma resolução espacial superior à do EEG. Ambos os procedimentos são não invasivos e adequados para investigar a atividade cerebral em diferentes estados, como sono, vigília e durante tarefas cognitivas. [s24] Os métodos de imagem também desempenham um papel importante no diagnóstico neurológico. A ressonância magnética (RM) utiliza campos magnéticos e ondas de rádio para criar imagens detalhadas da estrutura cerebral. Ela permite a visualização de detalhes anatômicos, como substância cinzenta e branca, ventrículos e vasos

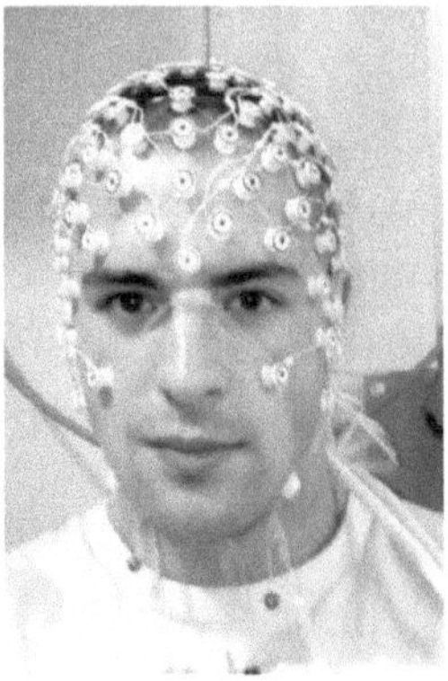

Eletroencefalografia [i9]

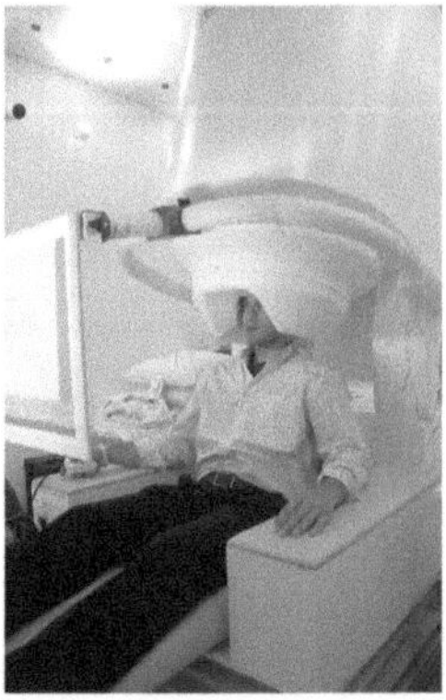

Magnetoencefalografia [i10]

sanguíneos. A ressonância magnética funcional (fMRI) mede a atividade cerebral indiretamente através de mudanças no fluxo sanguíneo que correlacionam com a atividade neuronal. Ela fornece informações sobre a distribuição espacial da atividade cerebral durante processos cognitivos. Um paciente com distúrbios de linguagem, por exemplo, pode ser examinado por meio de fMRI para identificar as áreas cerebrais envolvidas durante uma tarefa de fala. A tomografia por emissão de pósitrons (PET) utiliza traçadores radioativos para representar processos metabólicos no cérebro e pode fornecer informações sobre a atividade de neurotransmissores e depósitos de proteínas. Esses procedimentos permitem uma localização mais precisa de lesões cerebrais e disfunções. [s24] Novos desenvolvimentos nas neurociências visam criar imagens dinâmicas da função cerebral que integrem atividades neuronais e de circuitos ao longo do tempo e do espaço. [s24] O desenvolvimento de métodos para monitoramento em larga escala da atividade neuronal possibilita a

investigação de interações complexas entre diferentes áreas do cérebro. A manipulação precisa de circuitos neuronais utilizando ferramentas de intervenção inovadoras é essencial para entender as relações causais entre a atividade cerebral e o comportamento. Uma compreensão mais profunda dos tipos celulares no cérebro e suas conexões ajuda a elucidar os fundamentos dos processos neuronais. [s24] O desenvolvimento de novas ferramentas teóricas e analíticas de dados permite a interpretação das enormes quantidades de dados geradas por métodos de imagem modernos. A pesquisa está se concentrando cada vez mais na neurociência humana e no desenvolvimento de tecnologias inovadoras para investigar o cérebro humano e tratar suas disfunções. [s24] A integração de novas abordagens tecnológicas e conceituais visa descobrir como padrões dinâmicos de atividade neuronal são transformados em cognição, emoção, percepção e ação. A aplicação dessas descobertas na prática clínica abre novas possibilidades para o diagnóstico e tratamento de doenças neurológicas e psiquiátricas. Um exemplo disso é o desenvolvimento de terapias personalizadas que são adaptadas ao circuito neuronal individual de um paciente. O contínuo desenvolvimento de procedimentos diagnósticos nas neurociências promete uma compreensão cada vez mais precisa da complexa funcionalidade do cérebro e abre novos caminhos para o diagnóstico, tratamento e prevenção de doenças neurológicas.

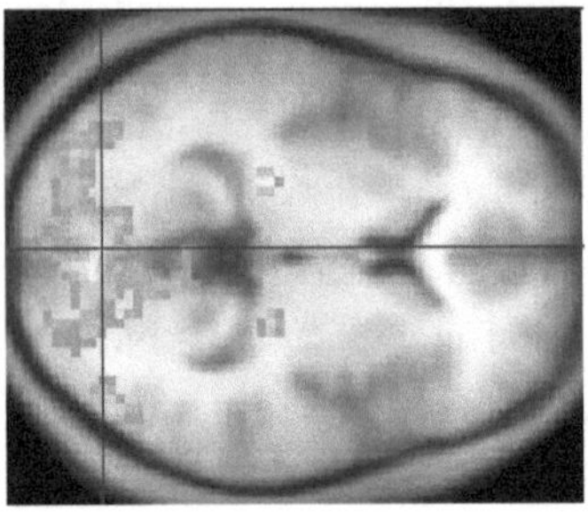

Imagem por Ressonância Magnética (IRM) [i11]

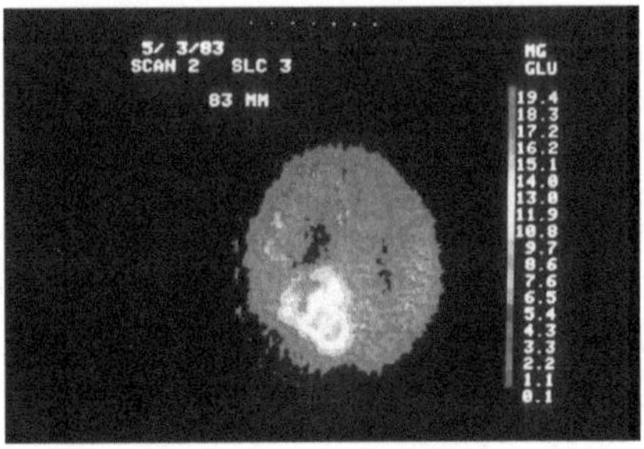

Tomografia por Emissão de Pósitrons (TEP) [i12]

Bom saber

eletroencefalografia

Um procedimento para medir a atividade elétrica do cérebro por meio de eletrodos no couro cabeludo. É frequentemente utilizado para diagnosticar epilepsia, distúrbios do sono e outras condições neurológicas, e é aplicado em pesquisas sobre sono e na investigação de estados de consciência.

ressonância magnética funcional

Um procedimento que visualiza a atividade cerebral medindo mudanças no fluxo sanguíneo. É utilizado para investigar as bases neuronais de funções cognitivas como linguagem, memória e atenção, e para avaliar os efeitos de medicamentos ou terapias na atividade cerebral.

magnetoencefalografia

Um procedimento para medir os campos magnéticos gerados pela atividade elétrica no cérebro. Oferece alta resolução temporal e é utilizado para investigar a atividade cerebral em processos cognitivos e para localizar focos epilépticos.

tomografia por emissão de pósitrons

Um método de imagem que torna visíveis os processos metabólicos no cérebro através do uso de traçadores radioativos. É utilizado para investigar sistemas de neurotransmissores, detectar tumores e avaliar a eficácia do tratamento em doenças neurodegenerativas.

Métodos de Diagnóstico em Neurociência Aplicada

Frequência dos métodos de diagnóstico usados em pesquisas de neurociência aplicada.

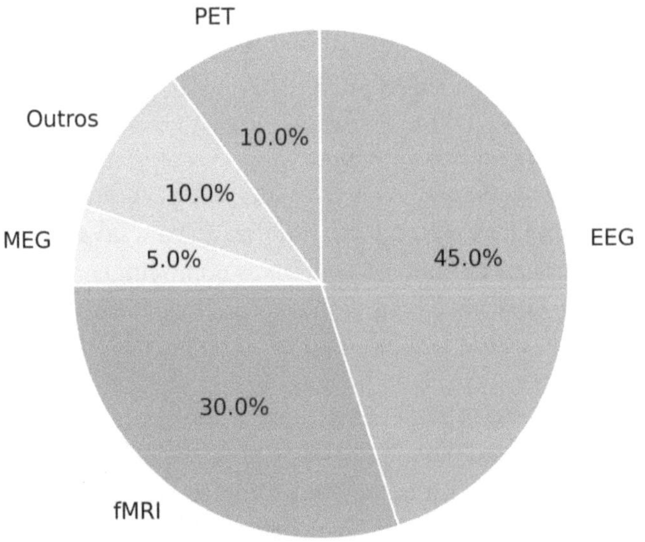

EEG: Eletroencefalografia (EEG)

fMRI: Imagem por Ressonância Magnética Funcional (fMRI)

MEG: Magnetoencefalografia (MEG)

Outros: Outros (por exemplo, TMS, NIRS)

PET: Tomografia por Emissão de Positrões (PET)

O EEG domina como o método mais frequentemente usado, provavelmente devido à sua natureza não invasiva, resolução temporal e acessibilidade. A fMRI segue, oferecendo boa resolução espacial para estudar a atividade cerebral. Embora o PET e o MEG forneçam insights valiosos, seu uso menor sugere limitações devido ao custo, invasividade ou disponibilidade. A porcentagem relativamente baixa de 'Outros' indica que os métodos listados abrangem a maioria das abordagens de diagnóstico neste campo.

Métodos de Terapia

Os métodos de terapia nas neurociências utilizam uma ampla gama de intervenções que visam melhorar as funções neuronais e tratar doenças neurológicas e psiquiátricas. Um foco está na promoção da neuroplastizitaet, a capacidade do cérebro de se modificar através da experiência. Diversos procedimentos, como treinamentos cognitivos, atividade física e estimulação cerebral não invasiva, visam aproveitar essa adaptabilidade do cérebro e fortalecer ou reorganizar conexões neuronais [s25]. Por exemplo, o treinamento cognitivo direcionado em pacientes com déficits cognitivos pode promover mudanças neuroplásticas no cérebro e melhorar o desempenho cognitivo [s25]. Além disso, abordagens inovadoras como realidade virtual e interfaces cérebro-computador mostram resultados promissores na melhoria da neuroplasticidade e reabilitação [s25]. Além dessas intervenções comportamentais e tecnológicas, as terapias farmacológicas estão ganhando importância, visando a modulação da transmissão sináptica e o suporte à viabilidade neuronal [s25]. Esses tratamentos medicamentosos podem potencializar os efeitos de outros métodos de terapia, contribuindo assim para um tratamento mais abrangente. A combinação de diferentes abordagens terapêuticas pode gerar efeitos sinérgicos e melhorar os resultados da reabilitação [s25].

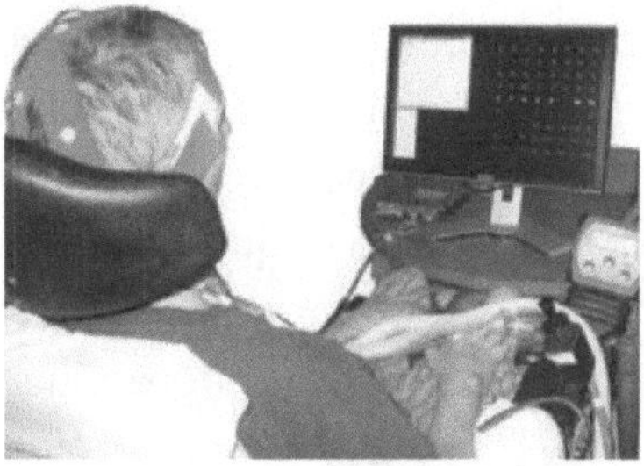

Interfaces cérebro-computador [i13]

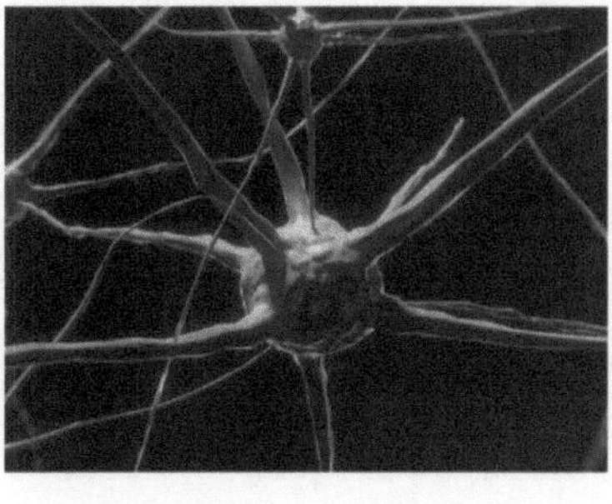

Neuroplasticidade [i14]

No entanto, a eficácia a longo prazo dos avanços obtidos por meio da neuroplasticidade é um aspecto que requer mais pesquisa [s25]. Além disso, métodos neurocientíficos como eeg e fmrt oferecem insights sobre as bases neuronais dos processos de aprendizagem e motivação [s26]. As descobertas sobre os correlatos neuronais da mentalidade de crescimento e da motivação intrínseca podem contribuir para o desenvolvimento de intervenções que fortaleçam esses fatores em contextos educacionais [s26]. Um ambiente de aprendizagem positivo que promove a motivação intrínseca pode influenciar positivamente os processos neuronais relacionados à dopamina e recompensa, tornando a aprendizagem mais eficaz [s27] [s26]. A estimulação cerebral também desempenha um papel importante no tratamento de distúrbios mentais. Procedimentos estabelecidos, como a terapia eletroconvulsiva, estimulação magnética transcraniana repetitiva e estimulação do nervo vago, influenciam a atividade neuronal por meio de impulsos elétricos ou magnéticos [s28]. Enquanto a terapia eletroconvulsiva é utilizada em casos de depressão severa, a estimulação do nervo vago, originalmente desenvolvida para o tratamento da epilepsia, também é aplicada em outras doenças mentais [s28]. Abordagens experimentais, como a estimulação magnética convulsiva e estimulação cerebral profunda, estão sendo atualmente investigadas quanto à sua eficácia em distúrbios mentais [s28]. O desenvolvimento e a combinação de diferentes métodos de terapia, desde treinamentos cognitivos até estimulação cerebral e intervenções farmacológicas, prometem um tratamento mais individualizado e eficaz para doenças neurológicas e psiquiátricas. A integração de descobertas nas áreas de neuroplasticidade, pesquisa sobre aprendizagem e motivação também abre novas vias para promover habilidades cognitivas e o bem-estar geral.

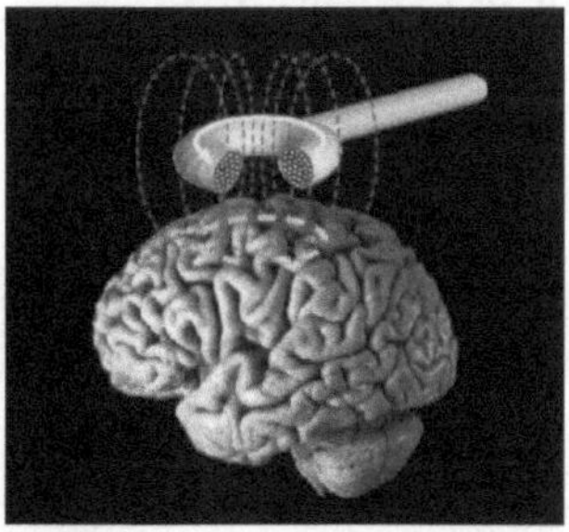

Estimulação magnética transcraniana repetitiva (EMTr) [i15]

Avaliação do Eletroencefalograma

A avaliação de um eletroencefalograma (EEG) é um processo complexo que envolve a interpretação de padrões de ondas cerebrais. O EEG mede a atividade elétrica do cérebro através de eletrodos no couro cabeludo, fornecendo assim insights sobre a função cortical. Os dados brutos do EEG consistem em uma variedade de formas de onda, que são atribuídas a diferentes bandas de frequência: Delta, Theta, Alpha, Beta e Gamma. Cada uma dessas bandas correlaciona-se com certos estados cerebrais e processos cognitivos. Assim, ondas Delta são associadas ao sono profundo, enquanto ondas Beta estão relacionadas à vigília e concentração. A avaliação concentra-se na identificação de padrões normais e anormais nessas bandas de frequência. Padrões anormais podem indicar doenças neurológicas, como epilepsia ou distúrbios do sono, mostrando, por exemplo, picos ou desacelerações incomuns na atividade cerebral. [s29] Um aspecto importante da avaliação do EEG é a detecção de artefatos. Artefatos são sinais indesejados no EEG que não provêm da atividade cerebral, mas são causados por movimentos oculares, atividade muscular ou falhas técnicas. Esses artefatos devem ser identificados e removidos dos dados para garantir uma interpretação correta das ondas cerebrais. A interpretação precisa de um EEG requer

Neurofeedback [i16]

Neurofisiologista [i17]

experiência e conhecimento especializado. Médicos e neurofisiologistas especialmente treinados analisam os dados do EEG para tirar conclusões diagnósticas. Além da inspeção visual das curvas do EEG, também são utilizados métodos computacionais que facilitam a análise dos dados complexos. A quantificação da atividade do EEG em diferentes bandas de frequência permite obter medidas objetivas que podem ser comparadas com dados normativos. Uma área de aplicação da avaliação do EEG é o neurofeedback. Aqui, a atividade do EEG é medida em tempo real e retroalimentada ao paciente, por exemplo, através de sinais visuais ou acústicos. [s29] O paciente aprende, assim, a influenciar conscientemente sua atividade cerebral e a amplificar ou reduzir certas bandas de frequência. O neurofeedback é utilizado, entre outras coisas, no tratamento de TDAH, transtornos de ansiedade e distúrbios do sono. [s29] A eficácia desse método continua a ser pesquisada, mas estudos indicam efeitos positivos. A combinação da avaliação do EEG com neurofeedback oferece uma ferramenta promissora para melhorar a função cerebral e tratar doenças neurológicas. O diagnóstico e a terapia baseados em EEG estão se tornando cada vez mais importantes e contribuem para uma compreensão mais profunda das complexas interações entre a atividade cerebral e o comportamento. Nesse contexto, o contínuo desenvolvimento de métodos e tecnologias de avaliação é crucial para otimizar ainda mais a precisão e a utilidade dos procedimentos baseados em EEG.

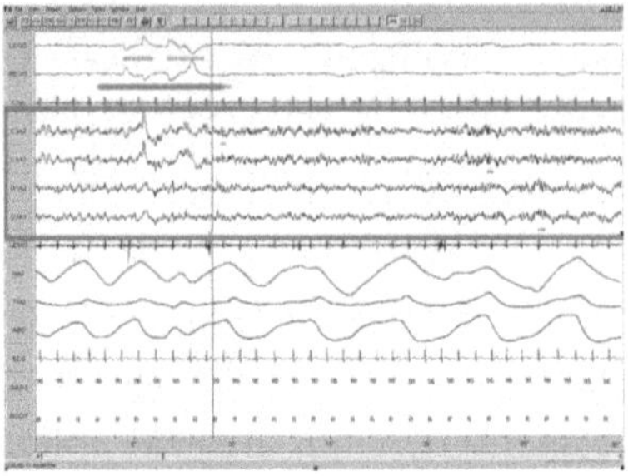

Artefato (EEG) [i18]

Bom saber

Bandas de Frequência

No EEG, diferentes bandas de frequência são diferenciadas, cada uma associada a certos estados cerebrais. Ondas Delta ocorrem no sono profundo, ondas Theta no sono leve e em estado de vigília relaxada, ondas Alpha com os olhos fechados e em repouso, ondas Beta com atenção concentrada e ondas Gamma em processos cognitivos complexos.

Detecção de Artefatos

Durante a gravação do EEG, podem ocorrer artefatos que não provêm da atividade cerebral, mas são causados por influências externas, como movimentos oculares, atividade muscular ou falhas técnicas. A detecção de artefatos é importante para identificar e remover esses sinais de interferência, garantindo que a avaliação do EEG seja correta.

Função Cortical

A função cortical refere-se à atividade do córtex cerebral, a camada externa do cérebro. Ela é responsável por funções cognitivas superiores, como linguagem, pensamento, memória e planejamento. A função cortical é controlada por interações complexas entre diferentes regiões do cérebro e redes neuronais, sendo crucial para nossa experiência e comportamento conscientes.

Exemplo de Frequências de EEG

Frequências de EEG dominantes ao longo do tempo.

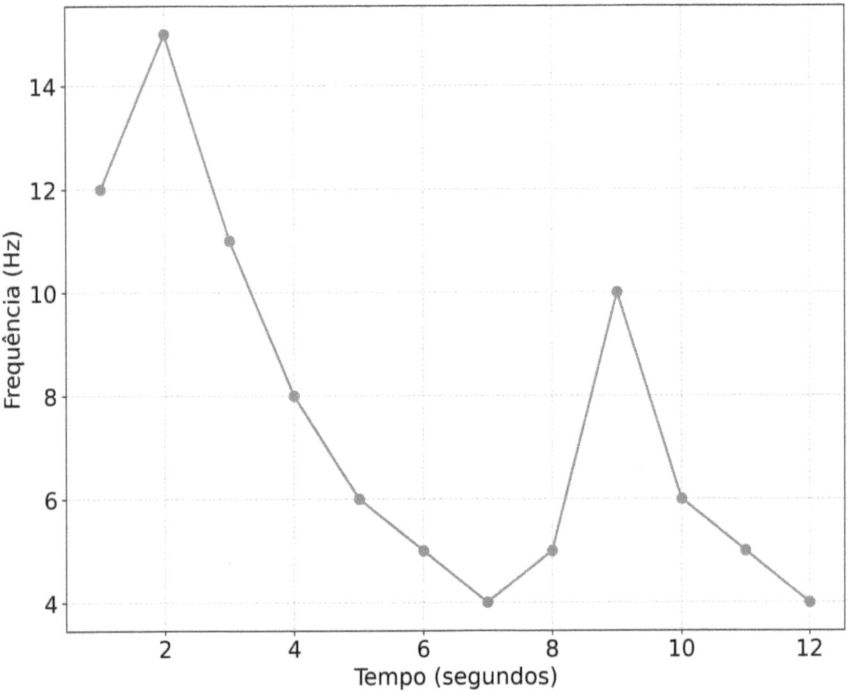

Este gráfico mostra uma mudança nas frequências dominantes das ondas cerebrais ao longo de um período de tempo. Inicialmente, observa-se uma atividade de alta frequência, indicando potencialmente um estado mental alerta ou ativo. Isso transita para uma predominância de frequências mais baixas, sugerindo uma mudança para um estado mais relaxado ou sonolento. O breve ressurgimento de frequências mais altas pode representar uma flutuação momentânea no estado de alerta antes de retornar ao padrão de baixa frequência.

Revisão - 1. Fundamentos da Pesquisa Cerebral

Este capítulo sobre os fundamentos da pesquisa cerebral fornece uma visão essencial sobre a estrutura, função e métodos de investigação do sistema nervoso. Desde o nível elementar dos neurônios e sinapses até processos cognitivos complexos como percepção, memória e tomada de decisão, transmite uma compreensão sólida da arquitetura neural e de seus processos bioquímicos. Destaca-se especialmente a ênfase na neuroplasticidade, que ilustra a adaptabilidade dinâmica do cérebro às experiências e ao aprendizado, formando assim a base para intervenções terapêuticas. Os procedimentos diagnósticos apresentados, desde EEG e MEG até fMRI e PET, abrem diversas possibilidades para investigar a atividade neural e identificar disfunções. Este entendimento do funcionamento do cérebro não apenas permite uma compreensão mais profunda das doenças neurológicas e psiquiátricas, mas também oferece pontos de partida para o desenvolvimento de métodos terapêuticos inovadores.

As descobertas descritas no capítulo oferecem um amplo espectro de aplicações no cotidiano. Por exemplo, você pode utilizar os princípios da neuroplasticidade para melhorar suas habilidades cognitivas por meio de treinamento direcionado e atividades estimulantes. O conhecimento dos diferentes sistemas de memória pode ajudá-lo a otimizar estratégias de aprendizado e armazenar informações de forma mais eficaz. No campo da tomada de decisão, você pode usar as descobertas sobre as bases neurais para fortalecer sua capacidade de autocontrole e suprimir reações impulsivas. No entanto, a implementação dessas recomendações pode ser dificultada por várias barreiras, como falta de tempo, recursos insuficientes ou diferenças individuais na capacidade de aprendizado. Portanto, é importante estabelecer metas realistas e adaptar as estratégias às suas necessidades pessoais.

Apesar da visão abrangente sobre os fundamentos da pesquisa cerebral, algumas dificuldades e questões em aberto permanecem. A complexidade das redes neurais e a interação entre diferentes áreas do cérebro ainda não foram totalmente exploradas. O desenvolvimento de métodos terapêuticos mais precisos e individualizados requer uma compreensão mais profunda dos mecanismos neurais subjacentes às doenças neurológicas e psiquiátricas. A pesquisa futura deve, portanto, concentrar-se no desenvolvimento de procedimentos diagnósticos e terapêuticos inovadores, adaptados às necessidades específicas de cada paciente. Questões éticas relacionadas à aplicação de métodos de estimulação cerebral e à interpretação de dados neurobiológicos também devem ser discutidas criticamente.

Em resumo, o capítulo "Fundamentos da Pesquisa Cerebral" oferece uma base sólida para entender o funcionamento complexo do cérebro. As descobertas apresentadas abrem diversas possibilidades para melhorar habilidades cognitivas e tratar doenças neurológicas. A pesquisa futura contribuirá para responder às questões ainda em aberto e otimizar a aplicação de descobertas neurocientíficas no cotidiano e na prática clínica. Para isso, uma colaboração interdisciplinar entre neurocientistas, médicos, psicólogos e educadores é essencial para explorar todo o potencial da pesquisa cerebral.

2. Desenvolvimento Cerebral ao Longo da Vida

Como se desenvolve a partir de um pequeno aglomerado de células um cérebro complexo que pode pensar, sentir e aprender? Desde a primeira infância até a velhice, nosso cérebro passa por mudanças surpreendentes. A natureza possui um cronograma preciso - janelas de desenvolvimento específicas se abrem e se fecham em fases determinadas. Esses processos de transformação se manifestam de forma particularmente dramática durante a puberdade, quando não apenas o corpo, mas também o pensamento e a sensação mudam fundamentalmente. As mais recentes descobertas da pesquisa cerebral revelam quão plástico nosso órgão mais importante realmente é e quais fatores influenciam seu desenvolvimento.

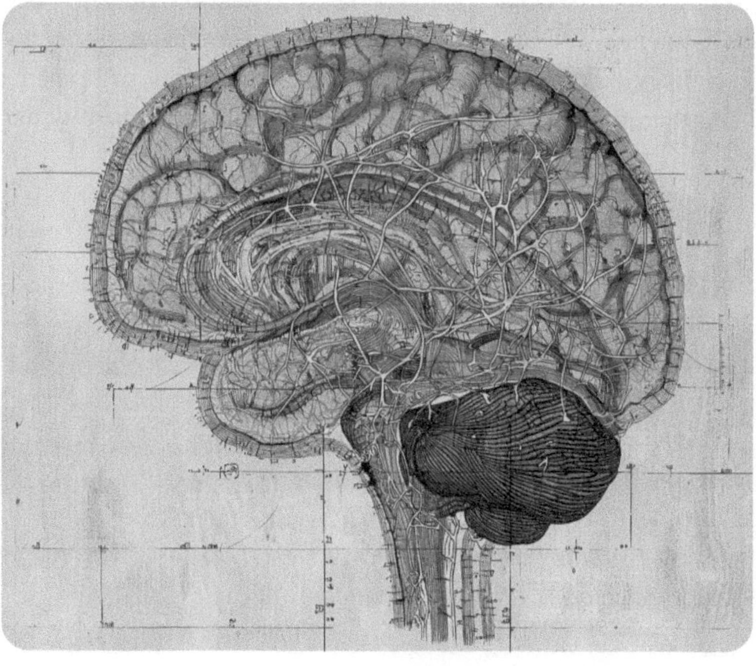

2. 1 Desenvolvimento Cerebral Infantil

O desenvolvimento cerebral infantil molda de maneira significativa as habilidades cognitivas, emocionais e linguísticas de um indivíduo. Desde a fase prenatal até a infância, as experiências moldam a arquitetura neural e estabelecem as bases para o aprendizado ao longo da vida. No entanto, esse desenvolvimento é suscetível a influências negativas, como o consumo de substâncias durante a gestação ou a privação, que podem ter consequências a longo prazo. A primeira infância é caracterizada por uma alta plasticidade neural, que possibilita processos de aprendizado intensivos, mas também implica uma vulnerabilidade especial. O desenvolvimento da linguagem, a competência social e as funções executivas são apenas alguns exemplos dos enormes avanços que ocorrem nessa fase da vida. Compreender esses processos complexos é essencial para criar condições ideais para o desenvolvimento infantil. Mergulhe no fascinante mundo do desenvolvimento cerebral infantil e descubra como as experiências moldam a arquitetura neural e preparam o caminho para uma vida plena.

O desenvolvimento cerebral infantil é um processo dinâmico, fortemente influenciado por experiências precoces e fatores ambientais. Interações positivas e ambientes estimulantes promovem a formação de redes neuronais e o desenvolvimento de habilidades cognitivas. Influências prejudiciais, por outro lado, tanto pré-natais quanto pós-natais, podem comprometer o desenvolvimento cerebral e ter consequências a longo prazo.

Fase Pré-natal

O desenvolvimento cerebral pré-natal é um processo complexo que começa na terceira semana de gestação e estabelece a base para o desenvolvimento cognitivo e emocional posterior [s30]. Após a formação do tubo neural, a primeira estrutura cerebral reconhecível, as células precursoras neurais se diferenciam e começam a se multiplicar e migrar [s30]. A produção de neurônios atinge seu pico no meio da gestação e está amplamente concluída até o nascimento [s30]. Esses neurônios então migram para suas posições finais no cérebro em desenvolvimento, onde se conectam a outros neurônios e formam circuitos neurais complexos [s30]. A superprodução inicial de neurônios e sinapses na fase pré-natal é posteriormente regulada por processos como apoptose e redução sináptica, que dependem fortemente de experiências e influências ambientais [s31] [s32]. A myelinisierung, que aumenta a velocidade dos impulsos nervosos, também começa de forma pré-natal e continua até a idade adulta [s31]. A fase pré-natal é particularmente sensível a influências prejudiciais, como o consumo de drogas ou a desnutrição da mãe. Nicotina e álcool, por exemplo, podem causar distúrbios de desenvolvimento mais graves do que algumas drogas ilegais e levar a problemas cognitivos e de atenção a longo prazo [s33]. O consumo de cannabis durante a gravidez também pode prejudicar o desenvolvimento neuronal e levar a déficits cognitivos na prole, entre outros nas áreas de atenção e percepção visual [s34]. Assim, a fase pré-natal estabelece as bases para o desenvolvimento cerebral posterior e sublinha a importância de uma gravidez saudável para a saúde a longo prazo da criança. Para promover o desenvolvimento saudável do cérebro infantil, as gestantes devem prestar atenção a uma dieta equilibrada e evitar substâncias prejudiciais, como álcool, nicotina e drogas. Exames de pré-natal podem ajudar a identificar riscos precocemente e tomar as medidas adequadas.

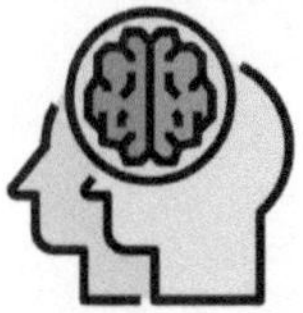

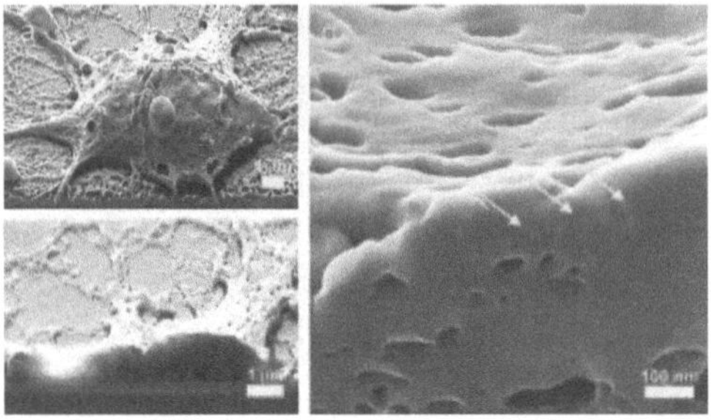

Célula progenitora neural [i19]

Bom saber

Células Precursoras Neurais

Células precursoras neurais são células no sistema nervoso em desenvolvimento que podem se diferenciar em neurônios ou células gliais. Elas desempenham um papel crucial na formação do cérebro e da medula espinhal.

Redução Sináptica

A redução sináptica, também chamada de poda sináptica, é o processo pelo qual sinapses não utilizadas ou ineficientes no cérebro são eliminadas. Este processo é importante para o ajuste fino dos circuitos neurais e a otimização da função cerebral.

Tubo Neural

O tubo neural é uma estrutura tubular que se desenvolve no embrião inicial e forma a base para o sistema nervoso central, incluindo o cérebro e a medula espinhal. Distúrbios no desenvolvimento do tubo neural podem levar a graves defeitos de nascimento.

Desenvolvimento Cerebral Fetal

Crescimento das conexões neuronais durante a gravidez.

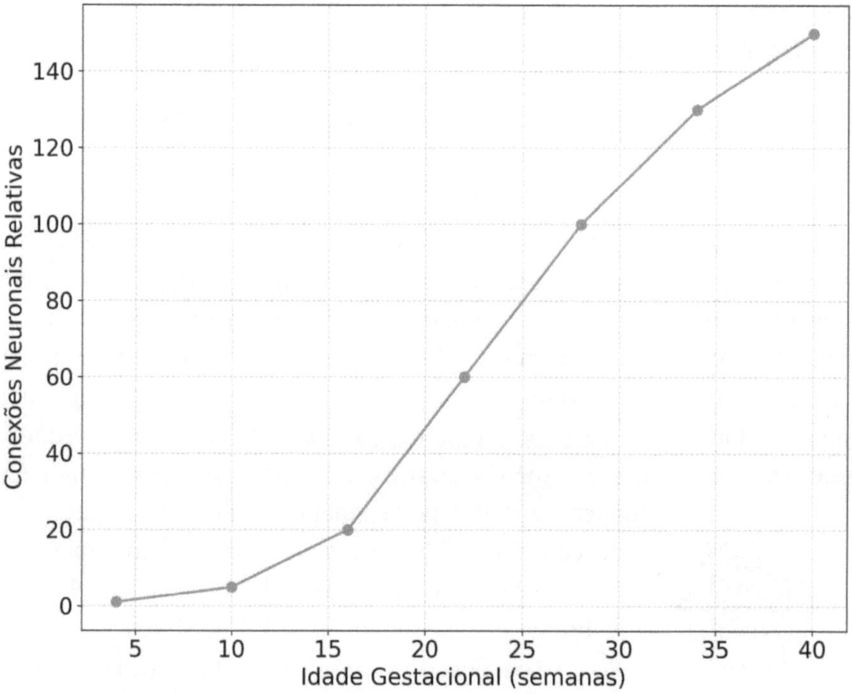

O gráfico demonstra o rápido aumento das conexões neuronais, particularmente durante o segundo e terceiro trimestres, destacando a importância crucial deste período para o desenvolvimento do cérebro. A desaceleração do crescimento no final do período pode refletir uma mudança para o refinamento e especialização das conexões. Isso ressalta a vulnerabilidade do cérebro em desenvolvimento às influências ambientais ao longo da gestação.

Processos de Aprendizagem na Primeira Infância

Após o nascimento, o rápido desenvolvimento do cérebro continua. Os processos de aprendizagem na primeira infância são caracterizados por uma alta plasticidade neuronal [s35]. Isso significa que as conexões no cérebro, as sinapses, podem mudar e se adaptar a novas experiências com facilidade durante esse período. As experiências moldam a arquitetura do cérebro e estabelecem a base para habilidades futuras. Por exemplo, interações sociais positivas na primeira infância formam a base para a competência social posterior [s35]. Os primeiros anos de vida também são fases sensíveis para o desenvolvimento de certas habilidades, como a percepção visual e auditiva [s36]. Nesses períodos, o cérebro reage de forma especialmente receptiva a estímulos e experiências específicas. Ambientes qualitativos e estimulantes, ricos em inputs sensoriais, motores, sociais e linguísticos, apoiam a formação de redes neuronais complexas. A maturação do córtex, a camada externa do cérebro, avança durante a infância e adolescência. Há uma superprodução de conexões dendríticas, seguida por uma redução seletiva de conexões menos utilizadas. Esse processo, também conhecido como poda sináptica, aumenta a eficiência do cérebro [s37]. Ao mesmo tempo, a mielinização, que aumenta a velocidade dos impulsos nervosos, continua a se desenvolver [s35]. O desenvolvimento das funções executivas, necessárias para comportamentos direcionados, controle de impulsos e tomada de decisões, também avança [s37]. Uma criança que aprende a controlar seus impulsos e se concentrar em uma tarefa se beneficia da maturação progressiva do córtex pré-frontal, que é responsável pelas funções executivas. Influências negativas, como a privação, ou seja, a falta de inputs cognitivos e sociais esperados, podem prejudicar o desenvolvimento cerebral e levar a uma redução na espessura e volume do córtex associativo [s38]. Da mesma forma, experiências associadas a danos reais ou ameaçadores afetam os circuitos neuronais responsáveis

pelo aprendizado do medo, especialmente na amígdala e no hippocampus [s38].

Bom saber

Conexões Dendríticas

Conexões dendríticas são ramificações de células nervosas que recebem sinais de outras células nervosas. O número e a complexidade dessas conexões influenciam a capacidade de processamento do cérebro.

Córtex Associativo

O córtex associativo é uma área do cérebro que integra informações de diferentes áreas sensoriais e as vincula a funções cognitivas superiores. Ele desempenha um papel importante na aprendizagem, pensamento e resolução de problemas.

Córtex Pré-Frontal

O córtex pré-frontal é a parte mais frontal do cérebro e desempenha um papel crucial no planejamento, tomada de decisões e controle de impulsos. Ele amadurece ao longo da infância e adolescência.

Plasticidade Neuronal

A plasticidade neuronal descreve a capacidade do cérebro de se modificar através das experiências. Na infância, essa plasticidade é especialmente alta, tornando o cérebro muito adaptável e capaz de aprender.

Velocidades Relativas de Aprendizagem na Primeira Infância

Comparação das velocidades de aprendizagem para diferentes habilidades durante o desenvolvimento na primeira infância.

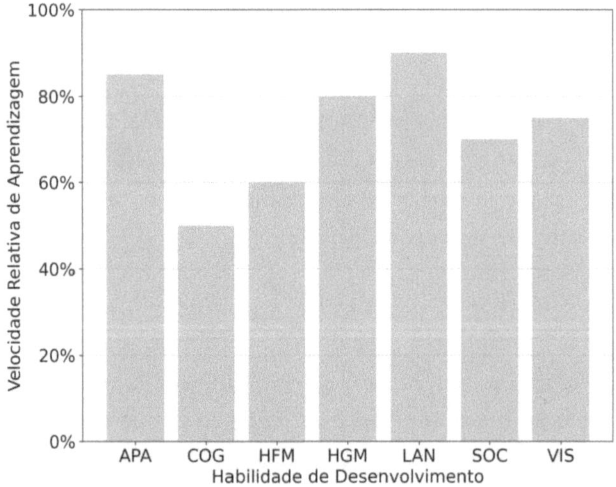

APA: Processamento Auditivo
COG: Habilidades Cognitivas
HFM: Habilidades Motoras Finas
HGM: Habilidades Motoras Grossas
LAN: Aquisição de Linguagem
SOC: Socioemocional
VIS: Percepção Visual

Este gráfico destaca os ritmos variados em que diferentes habilidades se desenvolvem na primeira infância. As habilidades motoras grossas, como andar e correr, desenvolvem-se de forma relativamente rápida, atingindo a capacidade máxima mais cedo do que outras habilidades. O controle motor fino, crucial para tarefas como escrever e desenhar, desenvolve-se de forma constante, mas leva mais tempo para atingir a maturidade. A aquisição da linguagem mostra um progresso rápido, especialmente nos primeiros anos, refletindo a aptidão natural do cérebro para a comunicação. As habilidades cognitivas, incluindo a resolução de problemas e o pensamento lógico, demonstram uma trajetória de desenvolvimento mais gradual e sustentada. Esta visualização enfatiza a importância de fornecer estímulo e apoio adequados para cada domínio de desenvolvimento ao longo da primeira infância.

Desenvolvimento da Linguagem

O desenvolvimento da linguagem é um processo dinâmico, intimamente ligado ao desenvolvimento do cérebro. Já nos primeiros meses de vida, começa a especialização nos sons da língua materna, após os bebês inicialmente serem capazes de diferenciar uma variedade de sons de diferentes idiomas [s39]. Essa sensibilidade precoce para as diferenças fonéticas forma a base para a aquisição posterior da linguagem e ilustra como as experiências precoces influenciam o desenvolvimento neuronal. A qualidade do input é crucial, pois a contínua exposição aos sons da língua materna solidifica as conexões neuronais responsáveis por seu processamento [s39]. Crianças que são regularmente expostas a estímulos linguísticos desenvolvem uma audição mais diferenciada e uma articulação mais precisa. Os pais podem apoiar ativamente esse processo, lendo frequentemente para seus filhos desde o nascimento, cantando e conversando com eles. A interação com a criança deve estar em primeiro plano, com atenção à pronúncia clara e a uma melodia de fala variada. A neuronale_plastizitaet do cérebro, ou seja, sua capacidade de se modificar através das experiências, é particularmente acentuada nos primeiros anos de vida [s39] [s40]. Essa plasticidade permite que as crianças aprendam não apenas sua língua materna, mas também, em condições adequadas, várias línguas simultaneamente. Crianças bilíngues adquirem dois conjuntos de fonemas em paralelo, sem que isso prejudique a velocidade da aquisição da linguagem [s40]. Essa capacidade de processamento linguístico paralelo sublinha o enorme potencial de adaptação do cérebro jovem. A multilinguismo precoce tem um efeito positivo na flexibilidade cognitiva e na capacidade de alternar tarefas. Mesmo após lesões cerebrais na infância, essa plasticidade pode ajudar as crianças a desenvolver habilidades linguísticas normais, ativando redes neuronais alternativas [s40]. A exposição precoce a estímulos linguísticos influencia não apenas a pronúncia, mas também a futura proficiência linguística [s41]. Estudos mostram que adultos que adquiriram uma segunda língua na infância frequentemente apresentam um sotaque nativo e uma melhor capacidade de julgamento gramatical [s41]. O desenvolvimento precoce da linguagem, portanto, tem um impacto duradouro nas habilidades linguísticas na idade adulta. O processamento da linguagem está intimamente relacionado à capacidade de perceber e diferenciar diferentes tons [s41]. Um ambiente acústico variado na primeira infância, portanto, promove o desenvolvimento das estruturas neuronais responsáveis pelo processamento da linguagem. Experiências com música e sons rítmicos podem apoiar ainda mais esse desenvolvimento.

Bom saber

Acústico

Refere-se ao som e à audição. O ambiente acústico desempenha um papel importante no desenvolvimento do cérebro, especialmente no desenvolvimento da linguagem e na formação de habilidades auditivas.

Fonema

Fonemas são as menores unidades significativas de uma língua. O desenvolvimento da capacidade de distinguir e produzir fonemas é central para a aquisição da linguagem e o desenvolvimento da competência linguística.

Cognitivo

Refere-se aos processos mentais relacionados ao pensamento, aprendizado, memória, percepção e compreensão. O desenvolvimento cognitivo na infância está intimamente ligado ao desenvolvimento cerebral.

Fonética

A fonética investiga as propriedades físicas dos sons da fala, sua produção, características acústicas e percepção. Para o desenvolvimento cerebral infantil, é relevante, pois a percepção de sons forma a base para a aquisição da linguagem e influencia o desenvolvimento neuronal.

Formação de sinapses na infância

Desenvolvimento da densidade sináptica no cérebro

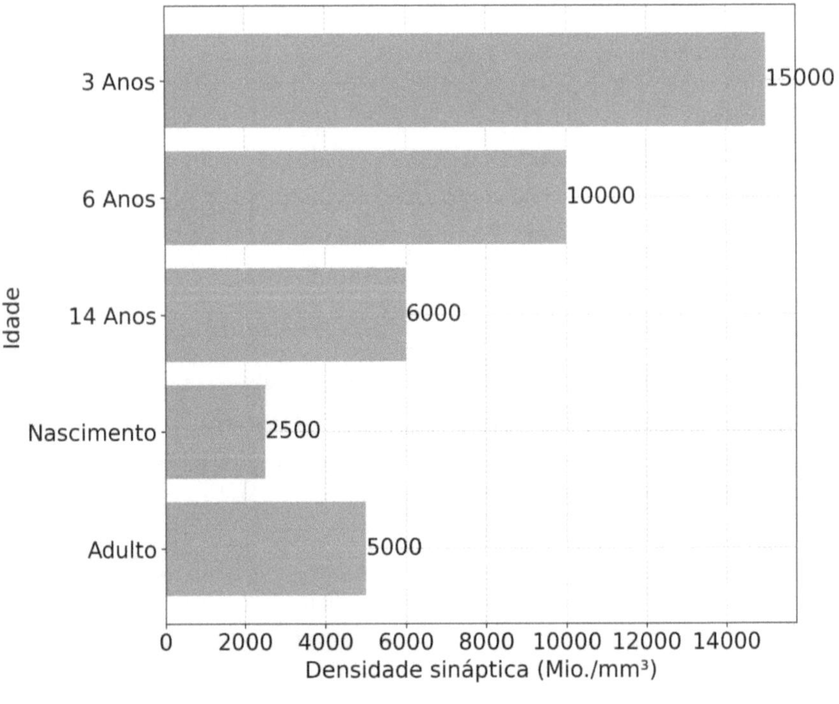

14A: 14 Anos
6A: 6 Anos
NAS: Nascimento
3A: 3 Anos
ADU: Adulto

A representação visualiza o aumento da densidade sináptica no cérebro de uma criança em diferentes idades. O rápido aumento nos primeiros anos de vida ilustra a intensa fase de aprendizado e desenvolvimento nesse período. A diminuição posterior indica a otimização das conexões neurais por meio da poda, em que as sinapses menos utilizadas são removidas.

2. 2 Cérebro Adolescente

A adolescência é uma fase de profundas mudanças no cérebro, que traz tanto oportunidades quanto desafios. Flutuações hormonais que influenciam processos de remodelação neuronal moldam o comportamento, a regulação emocional e a tomada de decisões. Esse desenvolvimento possui o potencial para aumentar a capacidade de aprendizado e a adaptação social, mas também está associado a uma maior disposição para riscos e vulnerabilidade a problemas psicológicos. Descubra neste capítulo como a complexa interação entre biologia e ambiente molda o cérebro juvenil.

A assimetria no desenvolvimento do sistema límbico emocional e do córtex pré-frontal racional no cérebro juvenil explica a maior disposição para o risco, uma vez que emoções intensas podem sobrepor os mecanismos de controle ainda imaturos.

Influências Hormonais

Mudanças hormonais moldam a puberdade e influenciam o desenvolvimento do cérebro. Os hormônios sexuais em aumento provocam uma reorganização duradoura do cérebro, sensibilizando redes neuronais para influências hormonais [s42]. Essas mudanças afetam não apenas a maturação física, mas também o comportamento, a tomada de decisões e a regulação emocional [s43]. Por exemplo, andrógenos em meninos inibem a liberação do hormônio liberador de corticotropina (CRH), enquanto os estrogênios em meninas estimulam o eixo HPA. Isso resulta em diferentes vulnerabilidades ao estresse [s42]. Um adolescente que sofre de estresse intenso pode, em vez de se retrair, buscar ativamente contatos sociais para aliviar o estresse por meio da interação. As conexões neuronais entre a amygdala e o lobo frontal tornam-se mais densas, levando a uma interconexão de processos emocionais e cognitivos [s44]. Ao mesmo tempo, o sistema socioemocional se desenvolve mais rapidamente do que o sistema de controle cognitivo. Essa diferença temporal pode explicar aspectos do comportamento de risco na adolescência [s44]. Os hormônios influenciam circuitos neuronais e levam a mudanças comportamentais que muitas vezes são desconsideradas como "hormônios raivosos" [s44]. A compreensão da "cognição quente" e "cognição fria" é útil aqui. A "cognição quente" descreve situações emocionalmente carregadas, enquanto a "cognição fria" ocorre em contextos menos emocionais [s44]. Em uma situação de teste ("cognição fria"), um adolescente pode estar bem preparado e resolver as tarefas. No entanto, em uma situação social estressante ("cognição quente"), como uma briga com amigos, as emoções podem sobrepor as habilidades cognitivas e levar a comportamentos impulsivos. A puberdade desencadeia uma cascata de mudanças hormonais que acompanham a maturação biológica [s45]. O desenvolvimento assíncrono do sistema límbico e do sistema cortical resulta em maior sensibilidade à recompensa e disposição para riscos [s45]. Influências hormonais, genéticas, comportamentais e neuronais estão intimamente entrelaçadas e afetam o desenvolvimento social [s45]. A adolescência é uma fase de maior adaptabilidade, onde os objetivos sociais influenciam os caminhos de desenvolvimento [s45]. As mudanças hormonais também aumentam o risco de problemas mentais, uma vez que muitas doenças mentais na idade adulta têm origem na adolescência [s45]. As interações entre hormônios, desenvolvimento cerebral e experiências sociais são cruciais para a compreensão do comportamento e da saúde mental na adolescência [s45].

Influência Hormonal no Cérebro Adolescente

Níveis hormonais e seu impacto nas regiões cerebrais durante a adolescência.

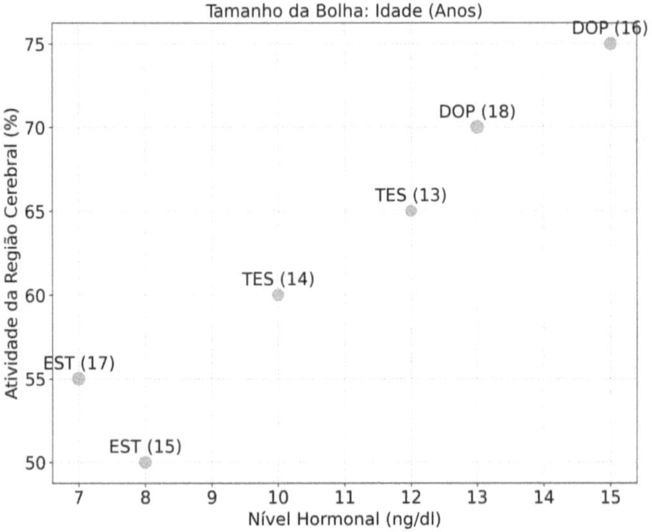

Blasengröße: Idade (Anos)

- DOP: Dopamina - Núcleo Accumbens
- EST: Estrogênio - Amígdala
- TES: Testosterona - Córtex Pré-Frontal

O gráfico revela que concentrações mais altas de testosterona (TES) estão ligadas ao aumento da impulsividade, enquanto o estrogênio (EST) mostra uma correlação com o processamento emocional aprimorado. Os níveis de dopamina (DOP) parecem atingir o pico durante a meia-idade da adolescência, o que pode explicar o aumento do comportamento de risco durante esse período. Os tamanhos variados de bolhas nas regiões do cérebro sugerem que a influência hormonal não é uniforme, com o córtex pré-frontal mostrando efeitos mais pronunciados do que a amígdala.

Desenvolvimento Social

Interações sociais ganham cada vez mais importância durante a adolescência e moldam o desenvolvimento da personalidade. A maturação do frontallappen, responsável pelas funções executivas, influencia significativamente as habilidades sociais. O planejamento, o controle de impulsos e a capacidade de adiar recompensas melhoram com o avanço do desenvolvimento neuro-maturacional do cérebro [s46]. Os adolescentes aprendem, assim, a controlar melhor seus impulsos e a considerar as consequências de suas ações a longo prazo. Isso se manifesta, por exemplo, na capacidade de não reagir emocionalmente de imediato em uma discussão, mas de refletir sobre o ponto de vista do outro antes de responder. Ao mesmo tempo, o uso de substâncias também influencia o desenvolvimento social. O consumo de substâncias pode prejudicar a capacidade neurocognitiva, afetando a atenção, a memória e a velocidade de processamento [s47]. As estruturas neuronais que se desenvolvem na adolescência – mielinização e poda sináptica – são particularmente suscetíveis a distúrbios causados pelo consumo regular. Os déficits resultantes podem dificultar a interação social e ter consequências a longo prazo para a funcionalidade social e acadêmica [s47]. Relações sociais positivas, por outro lado, promovem o desenvolvimento de resiliência e a capacidade de enfrentar desafios [s48]. Um ambiente social de apoio, que oferece segurança emocional, pode ajudar os adolescentes a lidar com situações difíceis e a desenvolver autoconfiança.

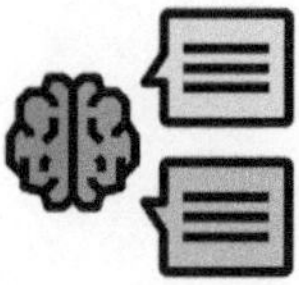

Bom saber

Capacidade Neurocognitiva

A capacidade neurocognitiva descreve a habilidade do cérebro de processar, armazenar e recuperar informações. Ela abrange vários aspectos, como atenção, memória, linguagem e funções executivas. Essa capacidade pode ser prejudicada por diversos fatores, como falta de sono ou consumo de substâncias.

Funções Executivas

Funções executivas referem-se a um conjunto de habilidades cognitivas que nos permitem agir de forma direcionada. Isso inclui, entre outras, planejamento, memória de trabalho, flexibilidade cognitiva e controle de impulsos. Essas funções são essenciais para o sucesso na escola, no trabalho e nas relações sociais, e se desenvolvem significativamente durante a adolescência.

Velocidade de Processamento

A velocidade de processamento refere-se à rapidez com que o cérebro pode receber, processar e responder a informações. É um componente importante da capacidade cognitiva e desempenha um papel no aprendizado, na resolução de problemas e na tomada de decisões.

Formas de Interação Social em Adolescentes

Distribuição das formas de interação social em adolescentes.

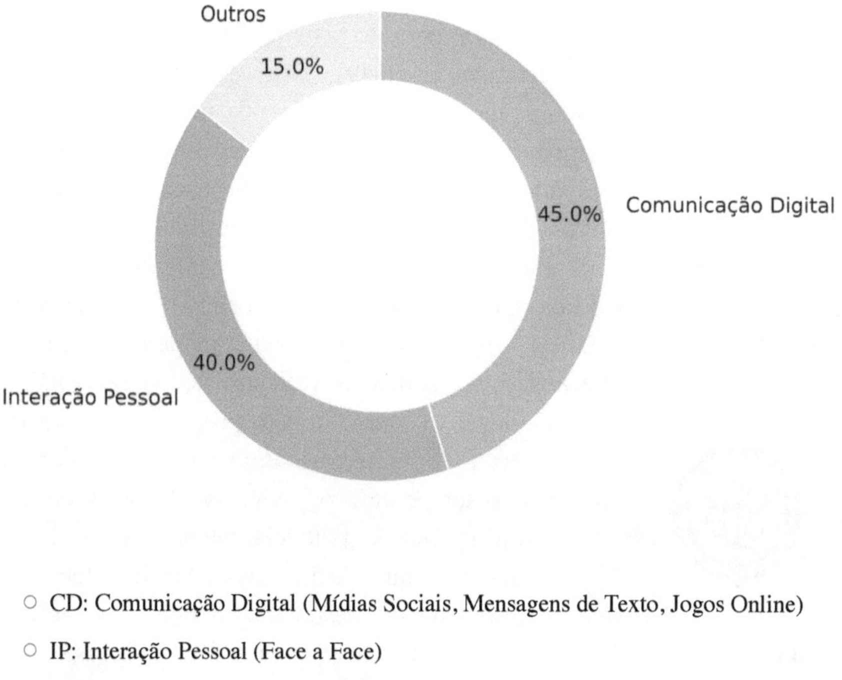

- CD: Comunicação Digital (Mídias Sociais, Mensagens de Texto, Jogos Online)
- IP: Interação Pessoal (Face a Face)
- OUT: Outros (Chamadas Telefônicas, Cartas, etc.)

A visualização destaca o domínio da comunicação digital na interação social dos adolescentes. Embora a interação presencial continue significativa, a proporção substancial de engajamento online ressalta a importância de entender seu impacto no desenvolvimento do adolescente. Isso inclui os potenciais efeitos nas habilidades sociais, na regulação emocional e na formação da identidade. A menor fatia dedicada a outras formas de comunicação sugere uma investigação mais aprofundada sobre seu papel em evolução na era digital.

Disposição ao Risco

O cérebro adolescente é caracterizado por uma maior disposição ao risco, resultante de uma complexa interação entre fatores neurobiológicos e psicossociais [s49] [s50]. A maturação do praefrontalen_kortex, responsável pelo planejamento, controle de impulsos e tomada de decisões, ocorre mais lentamente do que o desenvolvimento do sistema límbico, que processa reações emocionais e recompensas [s49]. Essa assíncronia gera um desequilíbrio: impulsos emocionais e o desejo por novas experiências podem sobrepor os ainda imaturos mecanismos de controle do córtex pré-frontal. Assim, os adolescentes tendem a subestimar as possíveis consequências negativas de suas ações e a superestimar os aspectos positivos [s50]. Isso se manifesta, por exemplo, no contexto da pressão dos pares, onde o desejo por reconhecimento social e pertencimento pode favorecer decisões arriscadas, como experimentar drogas ou realizar desafios perigosos. Essa tendência à disposição ao risco não é, por si só, negativa, pois também promove curiosidade,

exploração e o desenvolvimento de autonomia, mas ao mesmo tempo traz o perigo de decisões erradas com consequências potencialmente graves [s50]. Um adolescente que decide andar de bicicleta sem capacete para parecer descolado diante dos amigos assume um alto risco de lesões na cabeça, mesmo que possa estar ciente dos perigos. Portanto, um manejo reflexivo dos riscos e o desenvolvimento de estratégias de controle de impulsos são processos de aprendizado importantes na adolescência.

Bom saber

Adolescência

A transição entre a infância e a idade adulta, caracterizada por profundas mudanças físicas, psicológicas e sociais. Nesta fase, o cérebro continua a amadurecer, especialmente o córtex pré-frontal, levando a um melhor controle de impulsos e tomada de decisões.

Assíncronia

Refere-se, no contexto do desenvolvimento cerebral, ao amadurecimento desigual de diferentes regiões do cérebro. A assíncronia entre o sistema límbico e o córtex pré-frontal contribui para a maior impulsividade e disposição ao risco dos adolescentes.

Sistema Límbico

Um grupo de estruturas cerebrais envolvidas em emoções, motivação, memória e aprendizado. Na adolescência, o sistema límbico é particularmente sensível a estímulos de recompensa, o que pode aumentar a disposição ao risco.

Tomada de Risco Adolescente em Diferentes Contextos

Níveis relativos de tomada de risco adolescente em vários cenários.

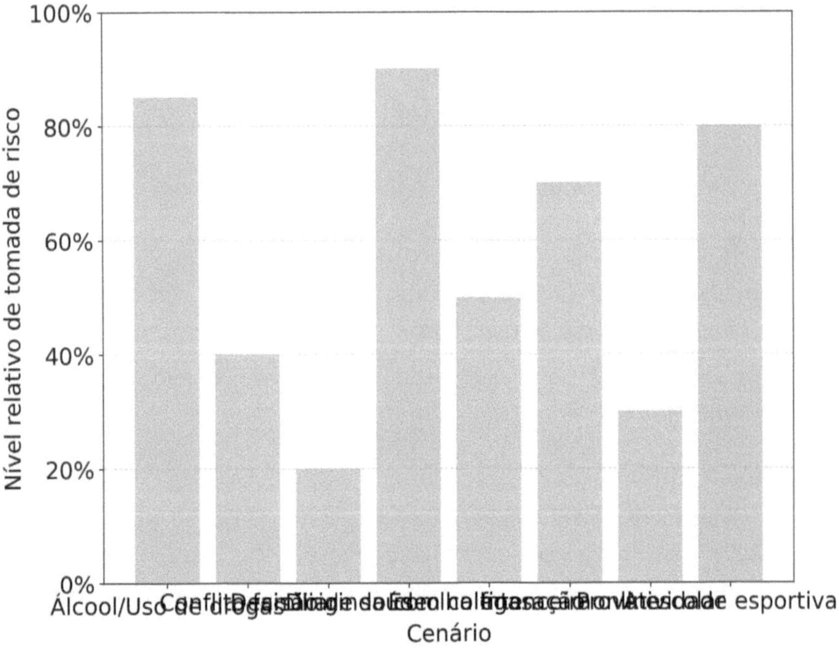

Alc: Álcool/Uso de drogas	Con: Conflito familiar
Dir: Dirigindo com colegas	Esc: Escolha financeira
Int: Interação online	Pro: Prova escolar
Sau: Decisão de saúde	Spo: Atividade esportiva

Este gráfico indica que os adolescentes exibem níveis variados de propensão à tomada de riscos dependendo da situação. Os contextos sociais, particularmente aqueles que envolvem colegas, parecem aumentar significativamente o comportamento de tomada de risco. Por outro lado, situações com consequências negativas claras, como cenários acadêmicos ou relacionados à saúde, tendem a ser associadas a uma menor tomada de riscos. Isso sugere que as recompensas sociais percebidas e as consequências potenciais desempenham um papel crucial na tomada de decisões dos adolescentes.

2. 3 Cérebro Plástico

O cérebro plástico muda ao longo da vida por meio de experiências. Essa adaptabilidade, a neuroplasticidade, possibilita o aprendizado, a formação de memórias e a regeneração, mas também apresenta desafios. Mudanças neuronais causadas por estresse ou doenças podem prejudicar funções cognitivas. A pesquisa sobre a neuroplasticidade é, portanto, essencial para entender esses processos e utilizá-los terapeuticamente. Descubra os fascinantes mecanismos do cérebro plástico e seu potencial para a saúde cerebral ao longo da vida.

O aprendizado ao longo da vida e ambientes estimulantes promovem a adaptabilidade do cérebro e fortalecem sua resistência a mudanças relacionadas à idade e ao estresse.

Neuroplasticidade

A neuroplasticidade descreve a capacidade de adaptação do cérebro ao longo da vida em resposta a experiências. Essas adaptações manifestam-se em mudanças na estrutura e função do cérebro [s51]. Os mecanismos dessa plasticidade não são estáticos, mas variam ao longo da vida e são influenciados por fatores como idade, sexo e doenças neurológicas [s51]. Assim, as fases críticas para a plasticidade dependente da experiência na primeira infância são particularmente relevantes, mas também podem ser reativadas mais tarde [s51]. O desenvolvimento cerebral ocorre de forma hierárquica, com etapas de desenvolvimento posteriores baseando-se nas anteriores [s52]. As experiências no primeiro ano de vida moldam a plasticidade e, assim, influenciam o desenvolvimento de comportamentos [s52]. A formação de novas sinapses e sua redução seletiva (pruning) são cruciais para a flexibilidade do cérebro jovem [s52]. Os inputs sensoriais influenciam a plasticidade, com ambientes estimulantes podendo promover e prolongar a plasticidade [s51]. A interação entre fatores genéticos e influências ambientais molda os processos de aprendizagem e a reorganização de redes neuronais [s53]. A atividade repetida fortalece as conexões neuronais, enquanto as menos utilizadas são eliminadas [s53]. Um ambiente com sono adequado, alimentação saudável e estímulos cognitivos promove a neuroplasticidade [s53]. O desenvolvimento do cérebro ocorre em várias fases, desde a neurogênese até a myelinisierung [s54]. As experiências moldam a estrutura e a função neuronal, sendo que o cérebro jovem é significativamente mais receptivo a essas influências do que o adulto [s54]. Quem aprende a tocar um instrumento altera a estrutura das áreas cerebrais responsáveis pela motricidade e percepção auditiva [s55]. Essas mudanças estruturais também são possíveis na idade adulta, o que evidencia a capacidade de adaptação do cérebro ao longo da vida [s55]. Sistemas neuromoduladores, como o sistema colinérgico e o dopaminérgico, modulam a plasticidade e podem ser influenciados por intervenções [s51]. Diferenças individuais na atividade neuromodulatória afetam a plasticidade e as habilidades cognitivas, o que é relevante para terapias personalizadas [s51]. Treinamentos cognitivos podem aumentar o volume neuronal, um indicador de neuroplasticidade, mas os efeitos a longo prazo e a transferibilidade para outras áreas cognitivas são limitados [s56]. Adultos mais velhos recrutam circuitos neuronais adicionais para manter funções cognitivas – uma compensação para as mudanças neuronais relacionadas à idade [s56]. Mesmo na velhice, o cérebro permanece plástico por meio de treinamentos cognitivos e pode se reorganizar [s56]. O treinamento cognitivo regular pode melhorar a função cognitiva e reduzir o risco de declínio cognitivo relacionado à idade [s56]. A atividade física tem um efeito positivo na estrutura cerebral e nas habilidades cognitivas, promovendo a plasticidade do cérebro mesmo na velhice [s57].

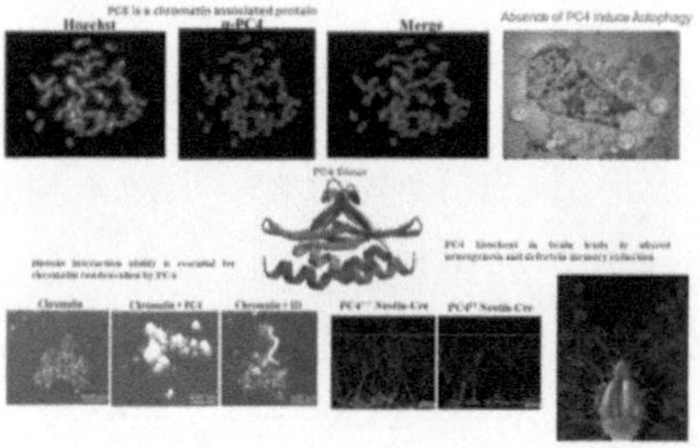

Neurogênese [i20]

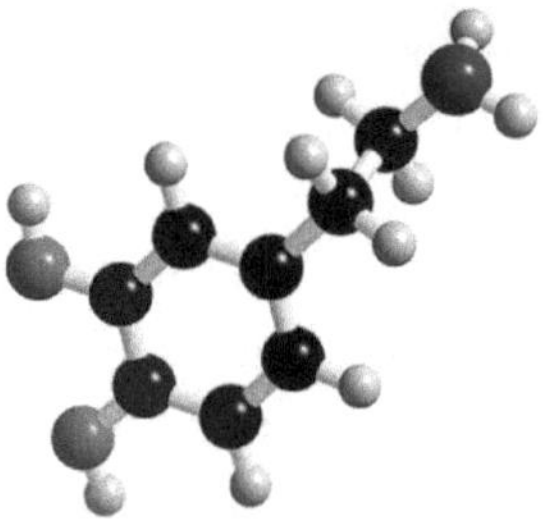

Dopamina [i21]

Força Sináptica ao Longo do Tempo

Ilustra como a força sináptica muda com a estimulação repetida.

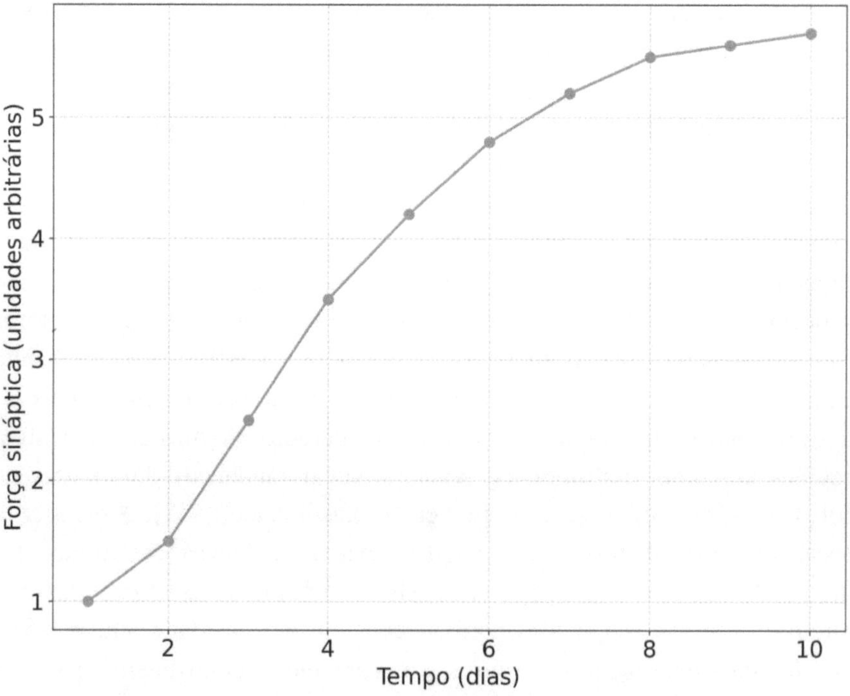

Este gráfico demonstra o princípio da neuroplasticidade. Inicialmente, as conexões sinápticas são fracas. Com a estimulação repetida (aprendizado ou prática), a força dessas conexões aumenta, refletida na tendência ascendente. Esse fortalecimento representa a eficiência aprimorada da transmissão de sinais e fundamenta a aprendizagem e a formação da memória. O platô sugere um limite para o potencial de fortalecimento, possivelmente devido a restrições biológicas.

Capacidade de Regeneração

O cérebro possui uma notável capacidade de regeneração, conhecida como neuroplastizitaet. Essa capacidade de adaptação e reorganização de estruturas e funções neuronais está presente não apenas durante o desenvolvimento, mas ao longo da vida [s58] [s59]. A neuroplasticidade permite que o cérebro reaja a estímulos internos e externos, fortalecendo conexões neuronais existentes, criando novas conexões entre áreas do cérebro e até mesmo formando novas células nervosas (neurogenese) [s58] [s60]. Esses processos são dinâmicos e são influenciados por fatores como idade, predisposição genética e ambiente [s60]. A neurogênese, a formação de novos neurônios, também ocorre no cérebro adulto, principalmente em áreas como o hipocampo, que é responsável pelo aprendizado e memória [s60]. Esse processo é regulado por diversos fatores, incluindo hormônios, fatores de crescimento e influências ambientais [s60]. Um ambiente estimulante com desafios cognitivos pode promover a neurogênese e, assim, contribuir para a regeneração do cérebro. A música, que ativa regiões cerebrais multimodais, pode provocar mudanças duradouras na força sináptica e, assim, promover a plasticidade [s58]. Aprender a tocar um instrumento, por exemplo, leva a mudanças estruturais nas áreas do cérebro responsáveis pela motricidade e processamento auditivo, e essas adaptações permanecem mesmo na idade adulta [s58]. Além da neurogênese, outros mecanismos contribuem para a regeneração. Remodelação dendrítica, a alteração da estrutura dos dendritos (as antenas receptoras das células nervosas), permite um ajuste fino das conexões sinápticas [s61]. A plasticidade sináptica, a capacidade das sinapses de alterar sua força, é fundamental para o aprendizado e a memória. Reorganização cortical, a redistribuição de funções entre diferentes áreas do cérebro, permite a compensação de perdas funcionais, como as que podem ocorrer após um acidente vascular cerebral [s61]. Após um acidente vascular cerebral, o cérebro demonstra uma notável capacidade de recuperação por meio desses mecanismos neuroplásticos [s61]. A reabilitação precoce e contínua

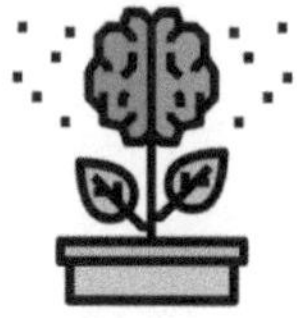

após um acidente vascular cerebral maximiza a possibilidade de mudanças neuroplásticas e promove a recuperação funcional [s61]. Diversas terapias podem promover a neuroplasticidade de forma direcionada e apoiar a regeneração [s59]. Treinamentos cognitivos, atividade física e nichtinvasive_hirnstimulation são exemplos de tais intervenções. A combinação de diferentes abordagens terapêuticas pode gerar efeitos sinérgicos e melhorar os resultados da reabilitação [s59]. O treinamento cognitivo regular pode melhorar funções cognitivas e reduzir o risco de declínio cognitivo relacionado à idade. A atividade física tem um impacto positivo na estrutura cerebral e nas habilidades cognitivas, promovendo a plasticidade do cérebro mesmo na velhice. Aqueles que praticam esportes regularmente apoiam a regeneração de seu cérebro e mantêm suas habilidades cognitivas.

Potencial de Regeneração da Região Cerebral

Potencial relativo de regeneração das regiões cerebrais.

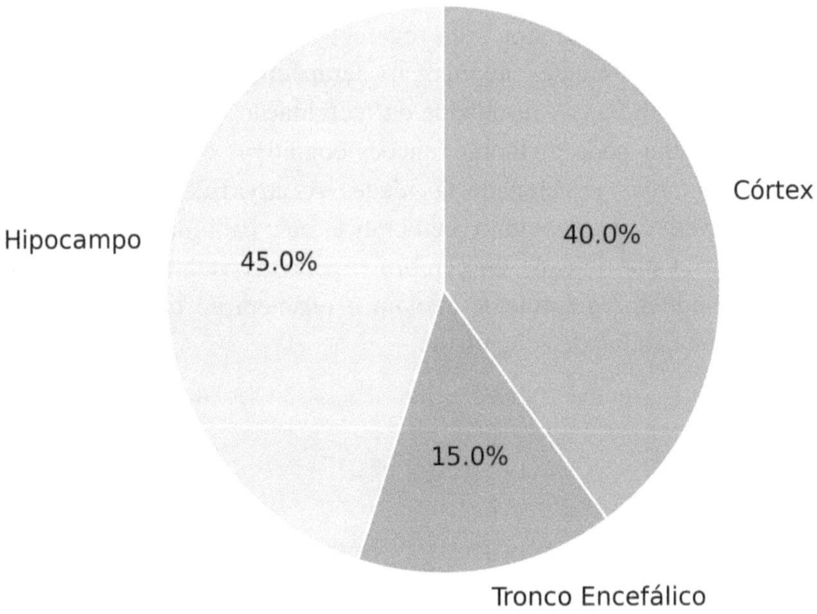

- CTX: Córtex
- HIP: Hipocampo
- TE: Tronco Encefálico

O hipocampo mostra a maior capacidade regenerativa, sugerindo que é mais adaptável à mudança e recuperação. O córtex exibe potencial moderado, indicando alguma capacidade de reparo e plasticidade. O tronco encefálico apresenta regeneração limitada, refletindo seu papel crítico nas funções básicas da vida, onde a estabilidade é priorizada em relação à adaptabilidade.

Mecanismos de Adaptação

Os mecanismos de adaptação do cérebro permitem responder e se ajustar a mudanças. Essas adaptações se manifestam em nível neuronal por meio de alterações na estrutura e função das sinapses, na formação de novos neurônios (neurogenese) e na reorganização de áreas corticais [s62]. synaptische_plastizitaet, a capacidade das sinapses de alterar sua força, é fundamental para os processos de aprendizagem e memória, bem como para a recuperação de lesões cerebrais [s62]. Outro mecanismo, a metaplasticidade, descreve a mudança na própria plasticidade sináptica e, assim, influencia a adaptabilidade do cérebro [s62]. Plasticidade homeostática mantém a atividade neuronal em equilíbrio e contribui para a estabilidade das redes neuronais [s62]. O estresse, um fator comum no cotidiano, influencia esses mecanismos de adaptação e pode ter efeitos tanto positivos quanto negativos no cérebro [s63]. O estresse crônico pode levar a alterações estruturais no hipocampo e praefrontalen_kortex, que podem estar associadas a déficits cognitivos [s63]. Por outro lado, lidar com estressores pode fortalecer a adaptabilidade do cérebro e aumentar a resiliência a futuras pressões [s63]. A música, que ativa regiões cerebrais multissensoriais, oferece um bom exemplo da indução da plasticidade neuronal [s64]. Tocar um instrumento exige a coordenação de processos auditivos, motores e cognitivos e pode levar a mudanças estruturais e funcionais no cérebro que impactam positivamente as habilidades cognitivas [s64]. Aqueles que tocam um instrumento regularmente não apenas treinam suas habilidades musicais, mas também promovem a adaptabilidade de seu cérebro.

Plasticidade e Adaptabilidade Cerebral

Adaptabilidade cognitiva em diferentes regiões e funções cerebrais.

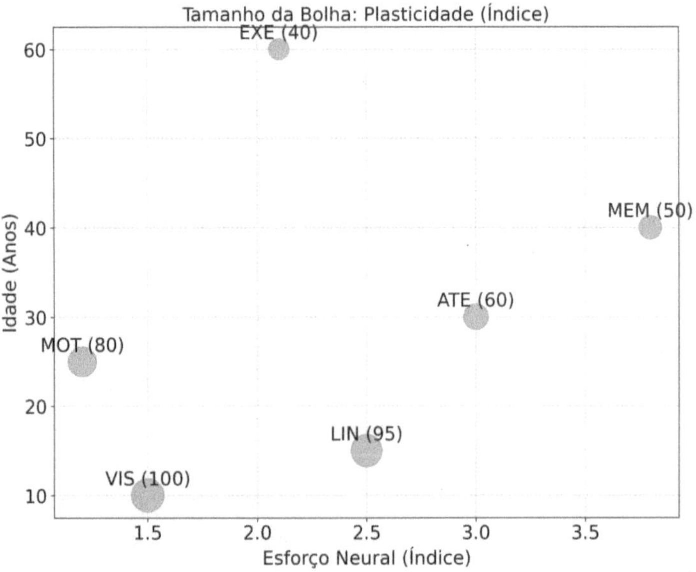

Blasengröße: Plasticidade (Índice)

ATE: Atenção

EXE: Função Executiva

LIN: Linguagem

MEM: Memória

MOT: Habilidades Motoras

VIS: Processamento Visual

O gráfico destaca os níveis variáveis de plasticidade em diferentes funções cerebrais. As habilidades motoras e a aquisição da linguagem demonstram alta adaptabilidade, particularmente em indivíduos mais jovens, indicadas por tamanhos de bolhas maiores. A memória e as funções executivas, embora adaptáveis, mostram menos plasticidade, sugerindo que são influenciadas por outros fatores além das mudanças dependentes da experiência. A visualização também sugere uma potencial correlação entre o nível de plasticidade e o esforço cognitivo necessário para a adaptação.

Conselhos concretos

- A forma duradoura de moldabilidade do cérebro, a neuroplasticidade, permite adaptação e aprendizado em todas as etapas do desenvolvimento.
- A pesquisa sobre a interação de fatores genéticos, influências ambientais e modificações epigenéticas oferece novas perspectivas para a compreensão das diferenças individuais na plasticidade.
- Pesquisas futuras devem investigar mais detalhadamente a dinâmica da neuroplasticidade no contexto dos processos de envelhecimento e das doenças neurodegenerativas.
- O desenvolvimento de intervenções personalizadas que promovam a neuroplasticidade de forma direcionada pode abrir novas abordagens terapêuticas para doenças neurológicas e psiquiátricas.
- O estudo das bases neuronais da resiliência e sua influência na plasticidade do cérebro promete novas descobertas para o enfrentamento do estresse e a promoção da saúde mental.
- A investigação dos impactos de desenvolvimentos tecnológicos, como a realidade virtual, na neuroplasticidade pode gerar métodos de treinamento inovadores.
- O desenvolvimento de biomarcadores para a neuroplasticidade pode melhorar o diagnóstico e a terapia de doenças neurológicas.
- A reflexão ética sobre as possibilidades e limites da influência direcionada na neuroplasticidade é essencial.
- Você é convidado a questionar criticamente as perspectivas apresentadas e a moldar ativamente a pesquisa futura sobre neuroplasticidade.

Revisão - 2. Desenvolvimento Cerebral ao Longo da Vida

Este capítulo iluminou a fascinante jornada do desenvolvimento cerebral desde a fase prenatal até a idade adulta. Ficou claro quão dinâmico e plástico é o cérebro ao longo da vida e como ele é fortemente moldado por experiências e influências ambientais. Os processos de desenvolvimento apresentados, desde a neurogênese e formação de sinapses até a mielinização e redução sináptica, evidenciam a contínua adaptabilidade do cérebro a novos desafios. É particularmente marcante a compreensão de que essa plasticidade não se limita à infância, mas também se mantém na idade adulta, embora de forma atenuada. Isso abre possibilidades para o aprendizado ao longo da vida e a compensação de mudanças neuronais relacionadas à idade.

As fases sensíveis descritas no capítulo, especialmente na primeira infância e adolescência, sublinham a importância de medidas de apoio direcionadas. Um ambiente estimulante, rico em inputs sensoriais, motores e sociais, pode influenciar positivamente o desenvolvimento neuronal e estabelecer a base para futuras habilidades cognitivas e emocionais. Ao mesmo tempo, a vulnerabilidade do cérebro em desenvolvimento a influências negativas, como privação ou consumo de substâncias, destaca a necessidade de medidas preventivas. É fundamental considerar as necessidades individuais e os trajetos de desenvolvimento para oferecer um suporte adequado. A implementação de tais medidas requer colaboração interdisciplinar entre educadores, terapeutas e pais, sendo que as condições sociais, como o acesso à educação infantil e aos serviços de saúde, desempenham um papel crucial.

As descobertas apresentadas no capítulo também levantam questões críticas. A interação entre fatores genéticos e influências ambientais no desenvolvimento cerebral continua a ser objeto de intensa pesquisa. A crescente digitalização de nosso mundo apresenta um novo desafio, cujos efeitos sobre o desenvolvimento neuronal, especialmente na adolescência, ainda não estão totalmente compreendidos. A investigação da relação entre desenvolvimento cerebral e saúde mental está se tornando cada vez mais relevante, uma vez que muitas doenças mentais têm sua origem na infância ou adolescência. Uma compreensão mais profunda dessas interações pode ajudar a desenvolver medidas preventivas e a intervir terapeuticamente de forma precoce.

Em conclusão, pode-se afirmar que a compreensão do desenvolvimento cerebral ao longo da vida é essencial para promover de forma ideal o aprendizado individual e os potenciais de desenvolvimento. As descobertas das neurociências oferecem valiosos pontos de referência para a elaboração de processos educacionais e de formação, bem como para o desenvolvimento de intervenções preventivas e terapêuticas. A pesquisa contínua das complexas interações entre fatores genéticos, ambiente e plasticidade neuronal contribuirá para uma compreensão ainda melhor da adaptabilidade vitalícia do cérebro e para seu uso direcionado. O foco deve sempre estar em uma abordagem holística que coloque as necessidades e os trajetos de desenvolvimento individuais no centro.

3. Medicina Cerebral e Saúde

O que acontece quando nosso órgão mais complexo perde o equilíbrio? O cérebro humano necessita de condições precisas para seu funcionamento e de um fornecimento contínuo de nutrientes. A medicina moderna fez progressos notáveis na compreensão das relações entre a saúde cerebral e o estilo de vida. Desde a prevenção até a reabilitação, novas perspectivas se abrem para o tratamento de doenças neurológicas. As fascinantes descobertas dos últimos anos lançam uma luz completamente nova sobre a questão de como podemos manter nosso cérebro saudável ao longo da vida.

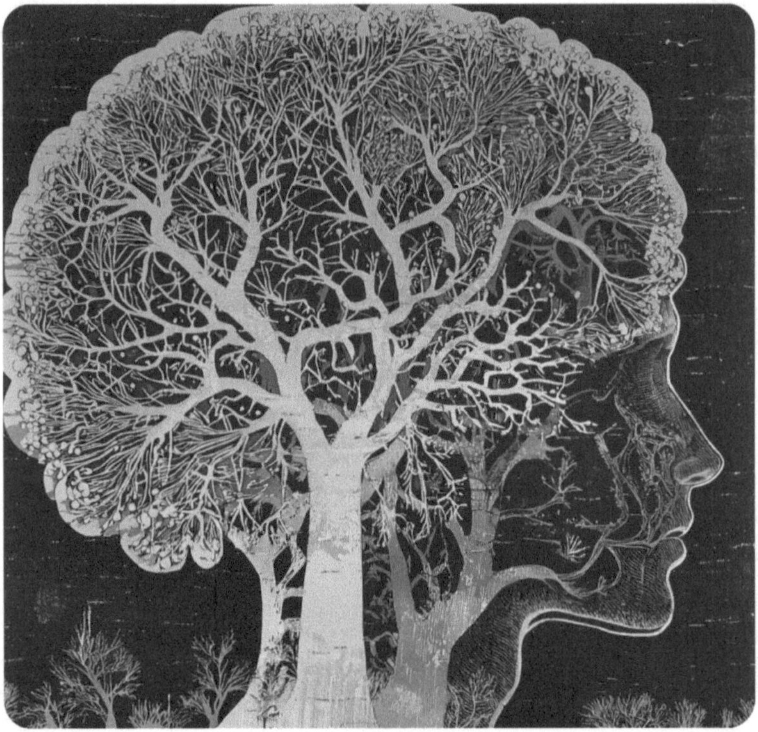

3. 1 Dano Cerebral

Danos cerebrais representam um imenso desafio para a medicina e para os afetados. A prevenção abrange medidas que vão desde o uso de roupas de proteção até a redução de fatores de risco, como o estresse. A reabilitação aproveita a neuroplasticidade do cérebro para restaurar funções perdidas – desde a terapia de movimento até tecnologias inovadoras, como estimulação cerebral e realidade virtual. Além disso, abordagens medicamentosas e terapêuticas oferecem mais opções para tratar as consequências dos danos cerebrais. Descubra neste capítulo mais sobre as diversas estratégias na luta contra os danos cerebrais e por uma vida melhor após uma lesão cerebral.

O tratamento eficaz de lesões cerebrais requer frequentemente uma combinação de diferentes abordagens terapêuticas, que utilizam tanto métodos estabelecidos quanto tecnologias inovadoras, para atender às necessidades individuais dos pacientes e alcançar resultados ótimos.

Medidas Preventivas

As medidas preventivas visam reduzir o risco de danos cerebrais ou minimizar suas consequências. Um aspecto importante é a proteção contra lesões cerebrais traumáticas. O uso de capacetes ao andar de bicicleta ou praticar esportes reduz a gravidade das lesões na cabeça. [s65] Além dessas medidas de proteção mecânica, a prevenção de lesões repetidas na cabeça, especialmente em esportes, é crucial para a proteção contra danos a longo prazo. [s65] Mesmo em casos de lesões cerebrais traumáticas leves, a coleta e o tratamento padronizados são importantes. [s66] A pesquisa destaca a importância de fatores de gênero na ocorrência, tratamento e estudo de danos cerebrais. [s66] Portanto, as estratégias de prevenção e terapias devem considerar essas diferenças e ser otimizadas tanto para homens quanto para mulheres. [s66] Outro foco da prevenção é a redução dos fatores de risco para acidente vascular cerebral. O controle desses fatores pode não apenas prevenir acidentes vasculares cerebrais, mas também possivelmente reduzir o risco de demência. [s67] Pesquisas atuais também abordam influências ambientais, como estresse ou substâncias químicas, e seus efeitos sobre doenças neurológicas. [s67] As descobertas da prevenção de acidentes vasculares cerebrais devem ser aplicadas no futuro a outros distúrbios neurológicos. [s67] Como esses exemplos mostram, a prevenção de danos cerebrais abrange uma ampla gama de medidas, desde a redução de fatores de risco individuais até estratégias sociais, como a melhoria dos padrões de segurança.

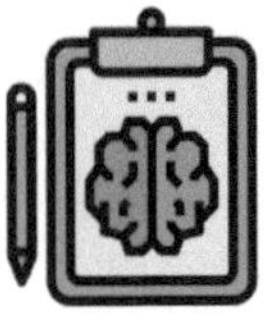

Bom saber

Doenças Neurológicas

Doenças neurológicas abrangem uma ampla gama de distúrbios do sistema nervoso que podem afetar o cérebro, a medula espinhal e os nervos periféricos. A pesquisa sobre doenças neurológicas visa entender os mecanismos subjacentes e desenvolver novas opções de tratamento.

Lesões Cerebrais Traumáticas

Lesões cerebrais traumáticas resultam de impactos externos na cabeça e podem levar a diferentes comprometimentos das funções cerebrais, dependendo da gravidade. A pesquisa se concentra, entre outras coisas, no desenvolvimento de novos métodos diagnósticos e terapêuticos para melhorar o tratamento e a reabilitação de pacientes com lesões cerebrais traumáticas.

Eficácia das medidas de prevenção contra danos cerebrais

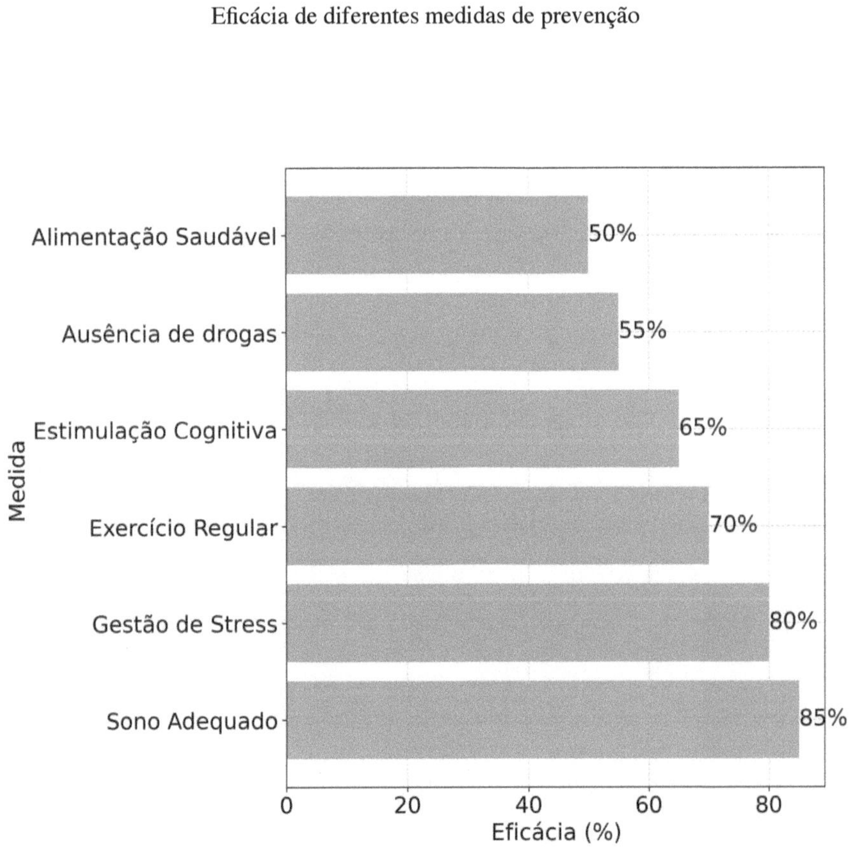

ALI: Alimentação Saudável
AUS: Ausência de drogas
EST: Estimulação Cognitiva
EXE: Exercício Regular
GES: Gestão de Stress
SON: Sono Adequado

O exercício regular e a estimulação cognitiva mostram a maior eficácia, enquanto uma dieta saudável e sono suficiente também são fatores importantes. A gestão do stress e a abstinência do consumo de drogas têm uma influência moderada, mas ainda relevante, na saúde do cérebro.

Métodos de Reabilitação

Os métodos de reabilitação após uma lesão cerebral concentram-se na restauração de funções perdidas e na melhoria da qualidade de vida. Uma abordagem importante utiliza a neuroplastizitaet, a capacidade do cérebro de se reorganizar e se adaptar. [s68] Através de treinamento direcionado, conexões neuronais podem ser fortalecidas e novas formadas, permitindo a recuperação de habilidades. Por exemplo, na terapia de movimento induzida por restrição, terapeutas forçam os pacientes a usar o membro afetado no dia a dia para promover a reorganização neuronal e melhorar a função. [s68] A prática repetida de tarefas motoras específicas fortalece as synaptischen_verbindungen e também apoia a kortikale_reorganisation. [s68] Técnicas de reabilitação cognitiva utilizam exercícios estruturados para melhorar funções como memória, atenção e resolução de problemas. Além disso, a realidade virtual e abordagens lúdicas oferecem ambientes interativos que aumentam a motivação dos pacientes e promovem a reorganização neuronal através de exercícios direcionados. [s68] Abordagens neuroplásticas também são utilizadas para a recuperação da linguagem e comunicação após uma lesão cerebral. [s68] Além desses métodos estabelecidos, os avanços tecnológicos abrem novas possibilidades na neuro-reabilitação. Procedimentos não invasivos de estimulação cerebral, como a estimulação magnética transcraniana repetitiva (rTMS), a estimulação transcraniana de corrente contínua (tDCS) e a estimulação transcraniana de corrente alternada (tACS) influenciam a atividade neuronal e podem melhorar o desempenho cognitivo. [s69] Enquanto a rTMS estimula a atividade neuronal e pode provocar efeitos inibitórios ou excitatórios, a tDCS modula a atividade cortical através de uma corrente elétrica suave. [s69] A tACS, por sua vez, estimula ondas cerebrais naturais em determinadas frequências. [s69] A terapia a laser de baixa energia (LLLT) também mostra resultados promissores devido a propriedades neuroprotetoras que reduzem a morte celular e promovem a formação de novos vasos sanguíneos, bem como a neurogenese. [s69] A realidade virtual (VR) oferece um ambiente seguro para reabilitação motora e cognitiva e

tem se mostrado eficaz na melhoria das habilidades motoras e das exekutiven_funktionen. [s69] Esses procedimentos permitem abordagens personalizadas, adaptadas às necessidades individuais dos pacientes. [s68] Assim, por meio da realidade virtual, um paciente pode praticar tarefas cotidianas em um ambiente simulado, sem estar exposto aos riscos do mundo real. A combinação de métodos tradicionais de reabilitação com tecnologias inovadoras oferece um amplo espectro de possibilidades para apoiar a recuperação após uma lesão cerebral e melhorar a qualidade de vida dos afetados.

Métodos de Reabilitação de Lesões Cerebrais

Distribuição das abordagens de reabilitação para recuperação de lesões cerebrais.

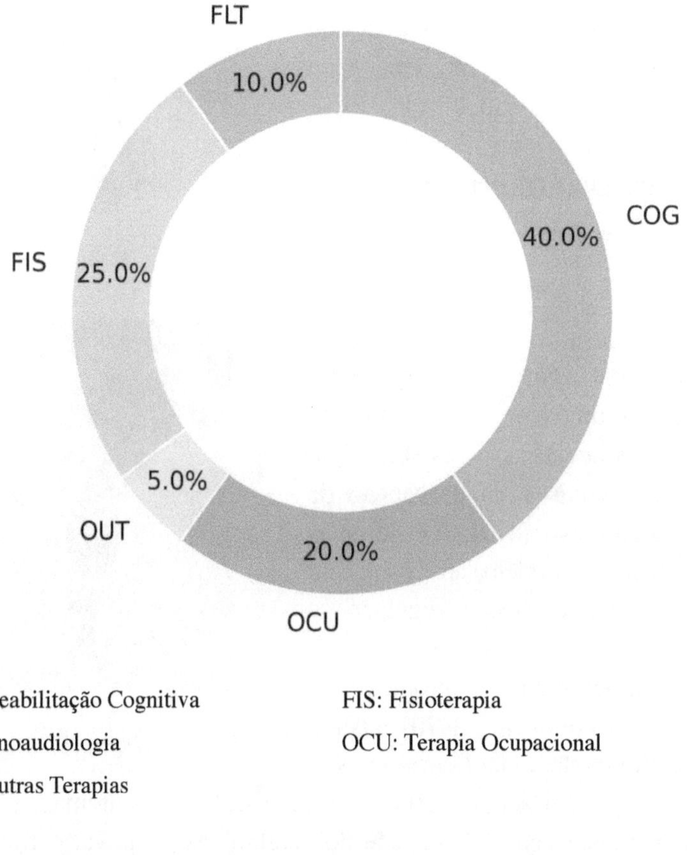

COG: Reabilitação Cognitiva

FIS: Fisioterapia

FLT: Fonoaudiologia

OCU: Terapia Ocupacional

OUT: Outras Terapias

A reabilitação cognitiva representa a maior parte das terapias, destacando sua importância no tratamento de deficiências cognitivas. As terapias física e ocupacional, embora menores, desempenham papéis cruciais na recuperação da função motora e da independência. A terapia da fala e linguagem aborda os desafios de comunicação, enquanto a categoria 'outros' provavelmente engloba terapias emergentes e abordagens individualizadas.

Abordagens Terapêuticas

As abordagens terapêuticas para lesões cerebrais visam restaurar funções perdidas e melhorar a qualidade de vida. Além dos métodos de reabilitação mencionados na seção anterior, como a Terapia de Movimento Induzido por Restrição ou técnicas de reabilitação cognitiva, existem outras estratégias de tratamento que são aplicadas dependendo do tipo e da gravidade da lesão cerebral. No caso de lesões cerebrais traumáticas, o tratamento agudo se concentra na estabilização das funções vitais e na prevenção de danos adicionais. [s70] As terapias medicamentosas podem aliviar a dor, suprimir convulsões, regular a coagulação sanguínea, reduzir a pressão intracraniana e promover a circulação sanguínea. [s70] Além disso, estimulantes, antidepressivos e ansiolíticos podem ser administrados para tratar os sintomas. [s70] No caso da paralisia cerebral, uma lesão cerebral na infância, o tratamento visa melhorar as habilidades motoras e cognitivas. A fisioterapia e a terapia ocupacional promovem a força muscular, o equilíbrio e a realização de atividades diárias. [s71] Medicamentos, como o toxina botulínica, podem relaxar músculos hiperativos, enquanto dispositivos auxiliares, como órteses ou cadeiras de rodas, apoiam a mobilidade e a comunicação. [s71] Terapias farmacológicas que visam a

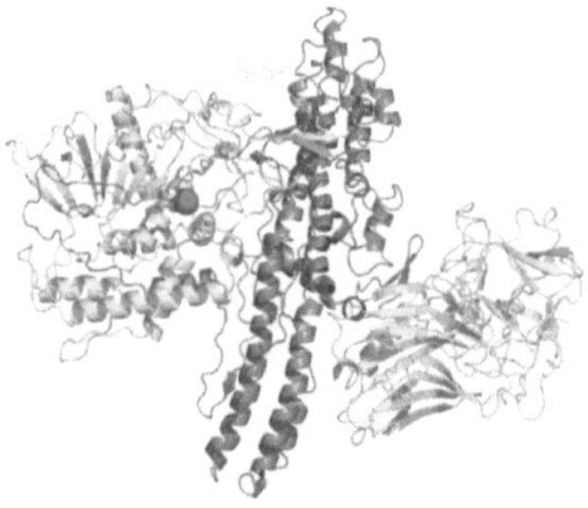

Toxina botulínica [i22]

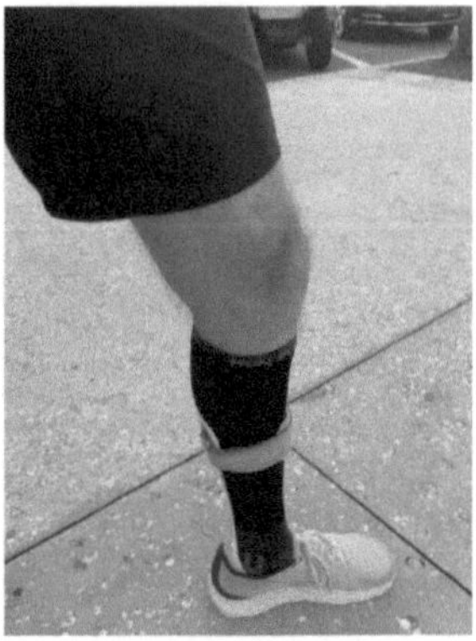

Órtese [i23]

neuroplasticidade melhoram a transmissão sináptica e apoiam a recuperação funcional. [s72] Programas de treinamento cognitivo e técnicas de neuromodulação, como a estimulação magnética transcraniana, oferecem mais opções para reabilitação. [s72] A combinação de diferentes abordagens terapêuticas pode resultar em efeitos sinérgicos e melhorar os resultados da reabilitação. [s72] Um paciente com limitações motoras após um acidente vascular cerebral, por exemplo, poderia melhorar suas funções motoras e recuperar sua independência nas atividades diárias por meio de fisioterapia, programas de treinamento cognitivo e o uso de gehirncomputerschnittstellen. As interfaces cérebro-computador permitem controlar dispositivos externos usando sinais neuronais, promovendo a neuroplasticidade. [s73] A terapia da fala e da linguagem apoia a recuperação da capacidade de comunicação após lesões cerebrais, enquanto a terapia ocupacional foca na restauração da capacidade de realizar tarefas diárias e alcançar independência funcional. [s73]

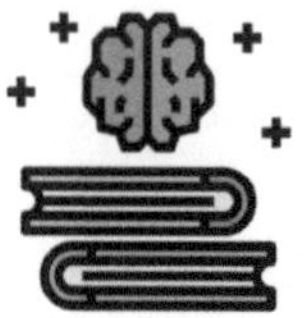

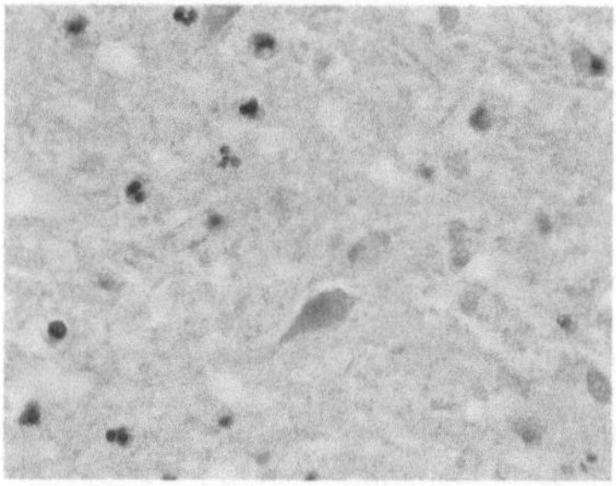

acidente vascular cerebral (AVC) [i24]

Estimulação Magnética Transcraniana

Um método não invasivo de estimulação cerebral que utiliza impulsos magnéticos para influenciar a atividade em regiões específicas do cérebro, apoiando assim a reabilitação após lesões cerebrais.

Técnicas de Reabilitação Cognitiva

Exercícios e estratégias que visam melhorar funções cognitivas como memória, atenção e habilidades de resolução de problemas após uma lesão cerebral.

Terapia da Fala e da Linguagem

Uma forma de terapia que ajuda pessoas com distúrbios de fala e linguagem após lesões cerebrais a melhorar ou recuperar suas habilidades de comunicação.

Terapia de Movimento Induzido por Restrição

Uma forma de terapia em que o movimento de uma parte do corpo não afetada é restringido para promover o uso da parte afetada do corpo e, assim, apoiar a reabilitação após uma lesão cerebral.

Terapia Ocupacional

Uma forma de terapia que ajuda pessoas após uma lesão cerebral a retomar atividades diárias e tarefas profissionais.

Abordagens Terapêuticas para Danos Cerebrais

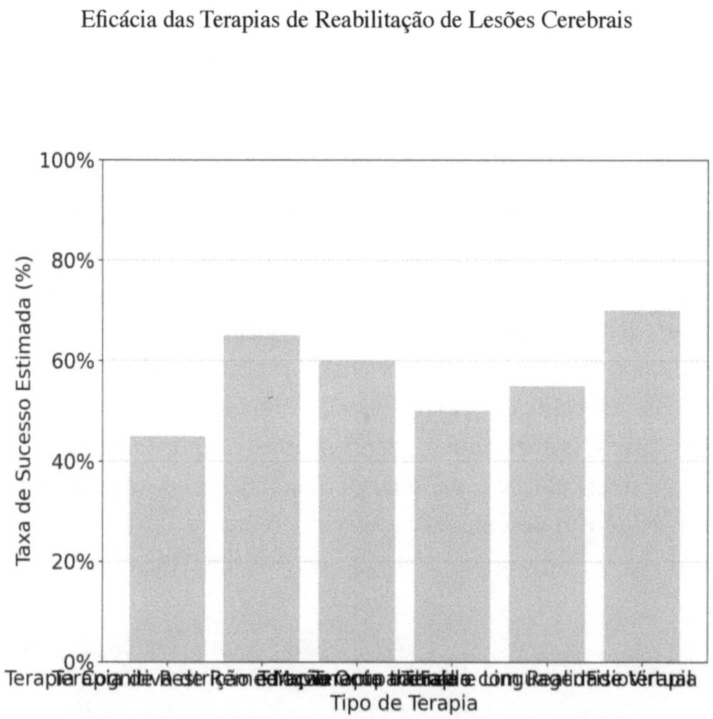

Fisioterapia: Fisioterapia

TCR: Terapia Cognitiva de Remediação

TFL: Terapia da Fala e Linguagem

TO: Terapia Ocupacional

TRIM: Terapia de Restrição e Movimento Induzido

TRV: Terapia com Realidade Virtual

Embora a Terapia de Restrição e Movimento Induzido (TRIM) mostre resultados promissores na recuperação da função motora, a eficácia da Terapia Cognitiva de Remediação (TCR) varia dependendo do domínio cognitivo visado. A Terapia com Realidade Virtual (TRV) demonstra potencial, mas requer mais pesquisas para solidificar sua eficácia. No geral, os dados sugerem que uma abordagem multifacetada, combinando diferentes terapias, provavelmente produzirá os benefícios mais abrangentes para os pacientes.

3. 2 Energia Cerebral

O cérebro necessita de enormes quantidades de energia para processos complexos, como impulsos nervosos e síntese de neurotransmissores. Essa energia, obtida principalmente da glicose, constitui a base para as funções cognitivas. No entanto, o fornecimento de energia do cérebro é suscetível a distúrbios causados por fatores como dieta desequilibrada, problemas vasculares ou doenças neurodegenerativas. Além da glicose, fontes alternativas de energia, como lactato e corpos cetônicos, desempenham um papel importante, especialmente sob condições metabólicas específicas. Além disso, fatores como sono, música e exercício físico influenciam o desempenho cognitivo. Compreenda as complexas inter-relações da energia cerebral e descubra como elas afetam a saúde e o desempenho do seu cérebro.

A provisão de energia do cérebro é uma interação complexa de vários fatores que vai além do simples fornecimento de glicose e inclui nutrição, sono, exercício, interação social e treinamento cognitivo para garantir uma função e saúde cerebral ótimas.

Processos Metabólicos

Os processos metabólicos no cérebro são complexos e estão intimamente ligados ao fornecimento de energia e à função dos neurônios. O cérebro necessita de grandes quantidades de energia para sua atividade, cerca de 20% de toda a demanda energética do corpo [s74] [s75]. Essa energia é obtida principalmente da glicose, que é transportada para o cérebro através da corrente sanguínea. Os neurônios, que consomem de 75% a 80% da energia produzida no cérebro [s75], utilizam essa glicose juntamente com oxigênio para a produção de energia. Essa energia é essencial para a manutenção do potencial de membrana em repouso, a geração e a condução de impulsos nervosos, bem como a síntese de neurotransmissores e outras moléculas importantes. As demandas energéticas no cérebro são dinâmicas e não estão uniformemente distribuídas [s75]. Elas aumentam nas regiões cerebrais ativas, o que requer uma adaptação flexível do fornecimento de energia. Essa adaptação ocorre através da chamada acoplamento neurovascular, que regula o fluxo sanguíneo e, portanto, o fornecimento de oxigênio e glicose aos neurônios ativos [s75]. Astrocitos, um tipo de células gliais, desempenham um papel fundamental nesse processo [s75]. Eles registram a atividade neuronal e sinalizam aos vasos sanguíneos para aumentar a circulação nas áreas ativas. Uma hipótese sugere que os astrócitos também produzem lactato, que pode ser utilizado pelos neurônios como uma fonte adicional de energia [s75]. A nutrição tem um impacto direto nos processos metabólicos e na função cognitiva do cérebro [s76]. Uma ingestão adequada de ácidos graxos ômega-3 apoia a função sináptica e os processos cognitivos [s76]. Em contraste, uma dieta rica em ácidos graxos saturados pode prejudicar as bases moleculares dos processos cognitivos [s76]. A ingestão alimentar não apenas influencia a disponibilidade de energia, mas também a synaptische_plastizitaet, a capacidade do cérebro de modificar suas conexões e se adaptar a novas informações [s76]. Hormônios como leptina e grelina, produzidos no trato gastrointestinal, influenciam a função cognitiva e o bem-estar emocional [s76]. Outros fatores importantes incluem BDNF (Fator Neurotrófico Derivado do Cérebro), insulina e IGF1 (Fator de Crescimento Semelhante à Insulina 1), que modulam a atividade sináptica e o processamento cognitivo [s76]. Uma combinação de dieta saudável e exercício regular amplifica os efeitos positivos sobre a plasticidade sináptica e a função cognitiva [s76]. A restrição calórica também pode promover a plasticidade sináptica [s76]. A ingestão de antioxidantes oferece proteção contra o estresse oxidativo [s76]. O consumo diário de frutas vermelhas, ricas em antioxidantes, pode ajudar a manter a capacidade cognitiva. Distúrbios nos processos metabólicos podem ter consequências graves para a função cerebral. Em doenças neurodegenerativas, ocorre uma redução na captação de glicose e na produção de energia [s74]. Inflamações crônicas no cérebro, resultantes de disfunções das células gliais, podem prejudicar a função normal dos neurônios [s74]. Problemas vasculares, como arteriosclerose ou mini-derrames, comprometem o fornecimento de sangue ao cérebro e, consequentemente, a oferta de oxigênio e nutrientes [s74]. A falta de oxigênio (hipóxia) e o estresse oxidativo são fatores importantes que regulam a função neuronal e desempenham um papel em doenças neurodegenerativas [s75]. HIF-1α (Fator Induzido por Hipóxia 1 alfa) é um regulador central da resposta à hipóxia e influencia a adaptação metabólica dos neurônios [s75]. Distúrbios no metabolismo oxidativo e na função mitocondrial são característicos de doenças neurodegenerativas [s75].

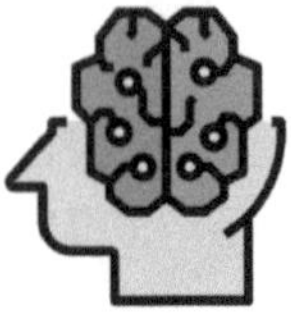

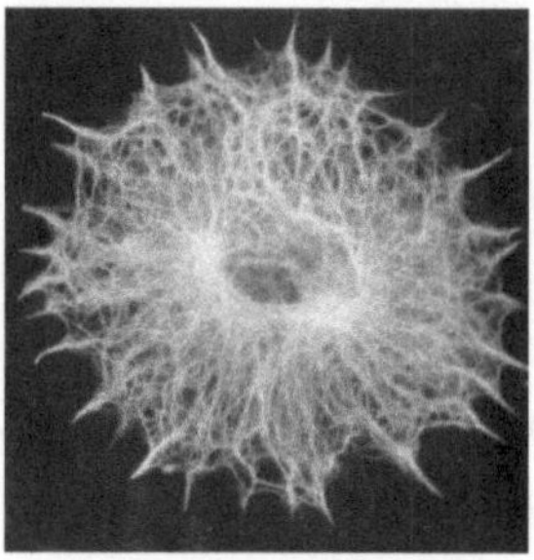

Astrócito [i25]

Bom saber

Acoplamento Neurovascular

O acoplamento neurovascular descreve o mecanismo que ajusta o fornecimento local de sangue à atividade neuronal. Um aumento na atividade neuronal leva à dilatação dos vasos sanguíneos e, assim, a um aumento no fornecimento de oxigênio e glicose.

Estresse Oxidativo

O estresse oxidativo resulta de um desequilíbrio entre a produção de radicais livres e a capacidade do corpo de neutralizá-los. O estresse oxidativo pode causar danos celulares e desempenha um papel no desenvolvimento de doenças neurodegenerativas.

Potencial de Membrana em Repouso

O potencial de membrana em repouso é a tensão elétrica que existe na membrana celular de um neurônio em estado de repouso. A manutenção desse potencial requer energia e é essencial para a capacidade do neurônio de responder a estímulos.

Restrição Calórica

A restrição calórica, ou seja, uma ingestão reduzida de calorias sem desnutrição, pode aumentar a plasticidade sináptica e a resiliência do cérebro a danos.

Consumo de Energia da Região Cerebral

Consumo de energia por região do cérebro, dimensionado por volume da região.

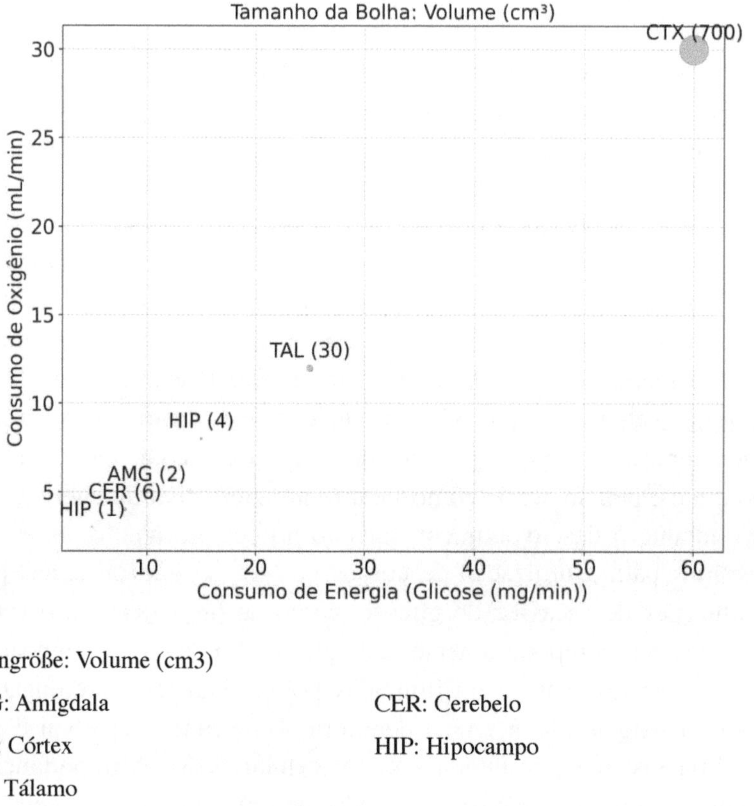

Blasengröße: Volume (cm3)

AMG: Amígdala

CER: Cerebelo

CTX: Córtex

HIP: Hipocampo

TAL: Tálamo

A representação visual destaca as demandas substanciais de energia de certas regiões do cérebro, apesar de seus tamanhos variados. Regiões maiores como o córtex, embora consumam uma quantidade significativa de energia, demonstram uma densidade de energia relativamente menor em comparação com áreas menores, mas altamente ativas, como o hipocampo. Isso sugere que funções específicas, como formação da memória e processamento cognitivo, requerem entradas de energia desproporcionalmente altas.

Suprimento de Energia

O suprimento de energia do cérebro baseia-se principalmente na glicose, mas substratos alternativos estão ganhando importância, especialmente sob condições metabólicas específicas. O cérebro pode absorver e utilizar diretamente o lactato, um subproduto do metabolismo da glicose, do sangue [s77]. Isso é relevante não apenas durante a atividade física, quando a produção de lactato no corpo aumenta, mas também em repouso, onde o lactato contribui para o suprimento de energia do cérebro [s77]. Estudos mostram que a proporção de lactato na totalidade da oferta de energia do cérebro em repouso é de cerca de 8% e pode aumentar para até 27% sob estresse, como em infusões de lactato ou atividade esportiva [s77]. A capacidade do cérebro de utilizar lactato amplia a flexibilidade de seu suprimento de energia e sublinha a complexa interação entre diferentes vias metabólicas. Além do lactato, os corpos cetônicos, que são produzidos em maior quantidade no fígado durante o jejum prolongado ou dietas com baixo teor de carboidratos, podem servir como uma fonte alternativa de energia [s78]. Tanto durante o desenvolvimento quanto no cérebro adulto, as enzimas necessárias para a utilização de corpos cetônicos estão presentes [s78]. Em situações de escassez de glicose, como na hipoglicemia, o cérebro pode recorrer temporariamente ao glicogênio e aos aminoácidos, embora essas reservas sejam limitadas [s78]. Uma falta prolongada de glicose ou oxigênio leva a uma deterioração da função cerebral e pode, em última instância, resultar na morte celular [s78]. A importância de um suprimento contínuo e adequado de energia para o cérebro é enfatizada pelo fato de que os neurônios, os principais consumidores da energia produzida no cérebro, necessitam de glicose e lactato para manter suas funções [s79]. Simulações mostram que a glicose é transportada de forma eficiente para os neurônios, onde é metabolizada e contribui, entre outras coisas, para a formação de lactato [s79]. Esse lactato neuronal pode, por sua vez, ser absorvido e processado por células vizinhas, como os astrócitos, o que sublinha a importância do shuttle de lactato entre neurônios e células gliais para a homeostase energética no cérebro [s80]. Os astrócitos também  desempenham um papel importante na glicogenólise, a conversão de glicogênio em lactato, que então está disponível como fonte de energia para os neurônios, especialmente em situações de alta demanda energética [s80]. Esses complexos processos metabólicos ilustram a regulação finamente ajustada do suprimento de energia no cérebro e a importância de diferentes substratos para a manutenção da função neuronal. Uma dieta equilibrada, rica em carboidratos complexos, gorduras saudáveis e proteínas adequadas, apoia o suprimento ideal de energia para o cérebro e contribui para a saúde cerebral a longo prazo. O consumo regular de grãos integrais, que fornecem carboidratos complexos e mantêm estável o nível de açúcar no sangue, pode garantir o suprimento contínuo de energia para o cérebro.

Bom saber

Corpos Cetônicos

Fonte alternativa de energia para o cérebro, produzida no fígado durante o jejum prolongado ou dietas com baixo teor de carboidratos. Os corpos cetônicos podem assumir uma parte significativa do suprimento de energia do cérebro quando a glicose é limitada.

Glicogenólise

A conversão de glicogênio em glicose. No cérebro, o glicogênio é armazenado principalmente pelos astrócitos e convertido em lactato quando necessário, para fornecer energia aos neurônios.

Hipoglicemia

Um estado caracterizado por níveis baixos de açúcar no sangue. A hipoglicemia pode levar a comprometimentos na função cerebral, uma vez que o cérebro depende de um suprimento adequado de glicose.

Shuttle de Lactato

O transporte de lactato entre neurônios e astrócitos. Os neurônios produzem lactato, que pode ser absorvido e processado pelos astrócitos. Essa troca desempenha um papel importante na homeostase energética do cérebro.

Fontes de Energia do Cérebro

Distribuição das fontes de energia para o funcionamento do cérebro.

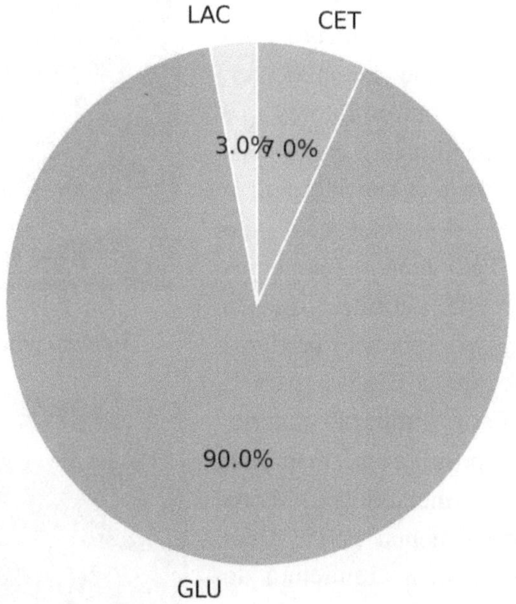

- CET: Cetonas
- GLU: Glicose
- LAC: Lactato

O cérebro depende fortemente da glicose para suas necessidades energéticas, representando uma porção significativa de seu consumo de energia. Embora as cetonas possam servir como uma fonte alternativa de combustível, sua contribuição é consideravelmente menor. O lactato desempenha um papel menor, sugerindo que é usado sob condições específicas. Isso destaca a dependência do cérebro de um suprimento consistente de glicose para uma função ideal.

Otimização do Desempenho

A otimização do desempenho no contexto da energia cerebral não considera apenas o fornecimento puro de glicose, lactato ou ketonkoerper, mas também inclui outros fatores que influenciam as habilidades cognitivas. O sono adequado é essencial para a regeneração e "desintoxicação" do cérebro [s81]. Pelo menos sete horas de sono por noite permitem que o sistema glinfático remova produtos residuais e prepare o cérebro para o dia seguinte. Essa "limpeza" noturna tem um efeito positivo na memória, na regulação do metabolismo e na redução da fadiga mental [s81]. Além da duração do sono, a arquitetura do sono, ou seja, a alternância entre diferentes fases do sono, é crucial para a regeneração neuronal e a consolidação da memória [s81]. A música também pode influenciar as funções cognitivas [s82]. Ao ativar o sistema límbico, que é responsável pelos processos emocionais e de memória, ouvir música pode impactar positivamente a memória, a atenção e até o comportamento [s82]. Além dessas estratégias mais passivas, medidas ativas também promovem a saúde cognitiva. Exercícios regulares, como caminhadas diárias, não apenas beneficiam o corpo, mas também o cérebro, estimulando a produção de BDNF (Fator Neurotrófico Derivado do Cérebro) [s83]. O BDNF promove a

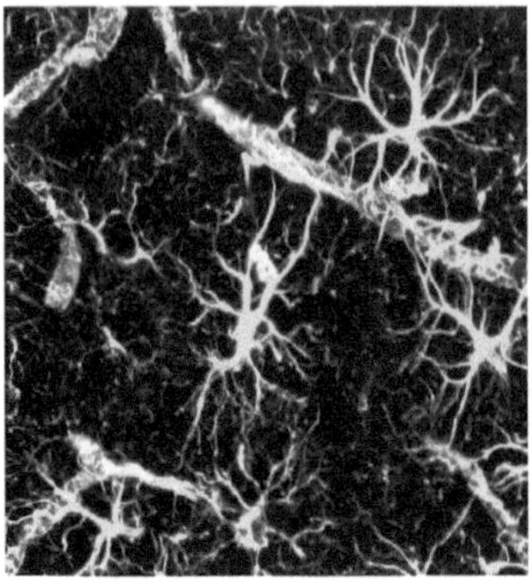

Sistema glinfático [i26]

arquitetura do sono [i27]

synaptische_plastizitaet e a formação de novos neurônios, melhorando a capacidade de aprendizado e a memória [s83]. A manutenção da saúde cardiovascular através do controle da pressão arterial também contribui para o desempenho cognitivo [s84]. O estabelecimento e a manutenção de contatos sociais também têm um efeito protetor sobre a saúde cognitiva [s84]. O treinamento cognitivo direcionado, como exercícios de memória ou o aprendizado de novas habilidades, pode ajudar a preservar as funções cognitivas na velhice [s84].

Bom saber

Glicose

A glicose é a principal fonte de energia para o cérebro e é transportada pela corrente sanguínea para as células cerebrais. Um fornecimento constante de glicose é crucial para a manutenção das funções cerebrais.

Saúde Cardiovascular

A saúde cardiovascular refere-se à saúde do coração e dos vasos sanguíneos. Um sistema cardiovascular saudável é importante para o fornecimento adequado de oxigênio e nutrientes ao cérebro.

Sistema Glinfático

O sistema glinfático é uma rede de canais no cérebro responsável pelo transporte de produtos residuais do metabolismo. Ele é particularmente ativo durante o sono e contribui para a saúde do cérebro.

Otimização do Desempenho Cerebral

As mudanças no desempenho cognitivo ao longo do tempo com estratégias de otimização.

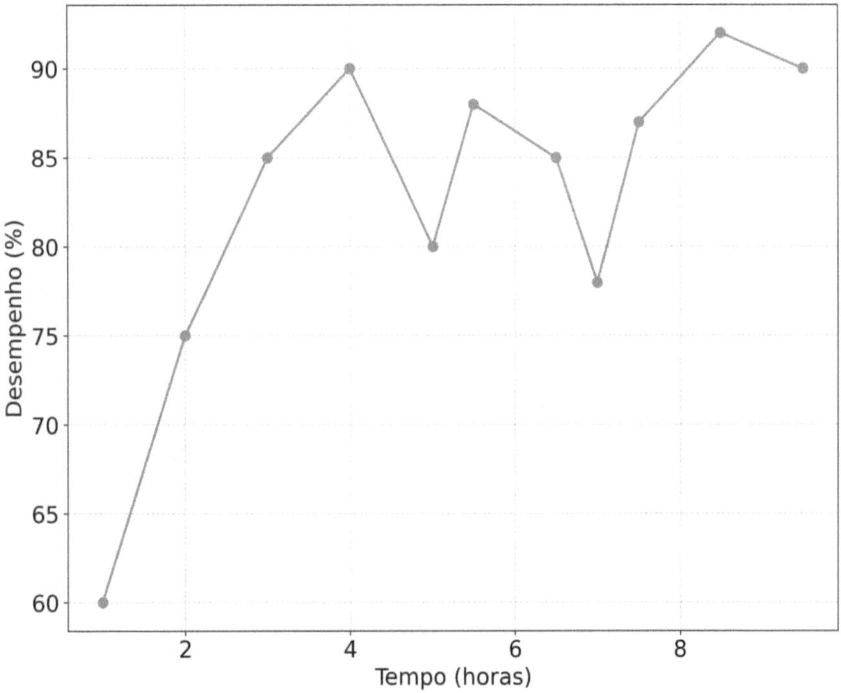

O desempenho inicial mostra um aumento constante com esforço focado, atingindo o pico em torno da 4ª hora. Após este ponto, o desempenho diminui, sugerindo o início da fadiga mental. Implementar pausas estratégicas (por volta da 5ª e 7ª hora) leva a recuperações significativas de desempenho, demonstrando a importância do descanso para a função cognitiva sustentada. Os pontos de dados finais indicam alto desempenho sustentado, sugerindo otimização bem-sucedida.

3. 3 Nutrição Cerebral

A nutrição cerebral adequada influencia o desempenho cognitivo, o bem-estar emocional e a recuperação após doenças neurológicas. Desde a infância até a velhice, a necessidade de nutrientes essenciais, como vitaminas, minerais e ácidos graxos, muda. Uma alimentação desequilibrada ou estados de deficiência podem prejudicar o desenvolvimento e a função cerebral, aumentando o risco de doenças neurodegenerativas. Por outro lado, uma nutrição ideal apoia a capacidade funcional e promove a saúde do cérebro. Descubra neste capítulo como fortalecer seu cérebro por meio da alimentação adequada.

Para um cérebro saudável, uma nutrição ideal em cada fase da vida é essencial, sendo que uma dieta equilibrada com fontes naturais de nutrientes constitui a base, e os suplementos alimentares devem ser utilizados de forma direcionada.

Necessidades Nutricionais

A necessidade nutricional do cérebro muda ao longo da vida e depende de vários fatores, como idade, estado de saúde e carga cognitiva. Durante o desenvolvimento inicial, especialmente nos primeiros 1000 dias desde a concepção até o segundo ano de vida, o cérebro requer uma alta concentração de nutrientes específicos para crescimento e desenvolvimento [s85] [s86] [s87]. Nutrientes como proteínas, ácidos graxos poli-insaturados de cadeia longa, ferro, zinco, iodo, colina, ácido fólico e vitamina B12 são particularmente importantes nesta fase [s85] [s86] [s87]. A falta desses nutrientes pode levar a deficiências a longo prazo no desenvolvimento cognitivo, social e emocional [s85]. Por exemplo, a deficiência de ferro na primeira infância pode causar distúrbios de desenvolvimento [s85]. Mesmo na idade adulta, o cérebro continua a necessitar de um suprimento constante de nutrientes para manter suas funções. Micronutrientes como vitaminas do complexo B, vitamina D, vitamina E e antioxidantes têm um efeito positivo na função cognitiva [s88]. Ácidos graxos ômega-3 apoiam processos cognitivos e a função sináptica, enquanto um alto consumo de gorduras saturadas pode prejudicar o processamento cognitivo [s88]. A glicose serve como a principal fonte de energia do cérebro [s89]. Astrócitos, células gliais especializadas no cérebro, desempenham um papel importante no transporte de glicose e na distribuição de metabolitos [s89]. Após doenças neurológicas agudas, como lesão cerebral traumática ou acidente vascular cerebral, a necessidade nutricional aumenta para apoiar os processos metabólicos de regeneração [s90]. Um suprimento nutricional otimizado pode, nesses casos, promover a recuperação neurológica e reduzir a inflamação [s90]. Também na velhice, uma dieta equilibrada é importante para prevenir o declínio cognitivo. Dietas como a mediterrânea, nórdica, DASH e dieta MIND estão associadas a um menor risco de declínio cognitivo e demência [s91]. Essas dietas enfatizam o consumo de frutas, vegetais, grãos integrais, peixes e gorduras saudáveis. Em resumo, um suprimento nutricional adequado em cada fase da vida é essencial para a saúde e função do cérebro. Uma dieta rica em macronutrientes e micronutrientes necessários pode apoiar o desenvolvimento cognitivo, o desempenho e a regeneração, além de reduzir o risco de doenças neurológicas.

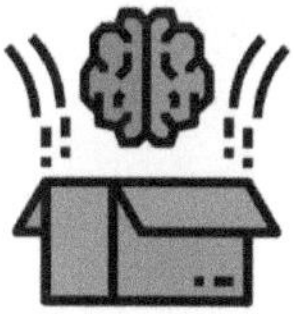

Bom saber

Ácidos graxos poli-insaturados de cadeia longa
Ácidos graxos essenciais que são importantes para o desenvolvimento e função do cérebro, especialmente durante a gravidez e a infância. Eles contribuem para a formação de membranas celulares e para a transmissão de sinais no cérebro.

Dieta MIND
Uma combinação da dieta mediterrânea e da dieta DASH, projetada especificamente para promover a saúde do cérebro e reduzir o risco de demência.

Função sináptica
Refere-se à comunicação entre células nervosas nas sinapses. Nutrientes desempenham um papel importante na manutenção de uma função sináptica saudável, que é essencial para aprendizado e memória.

Metabolitos
Subprodutos do metabolismo que são gerados em reações químicas no corpo. Astrócitos desempenham um papel na distribuição de metabolitos no cérebro.

Nutrientes Essenciais para o Cérebro

Nutrientes chave para uma função cerebral ideal.

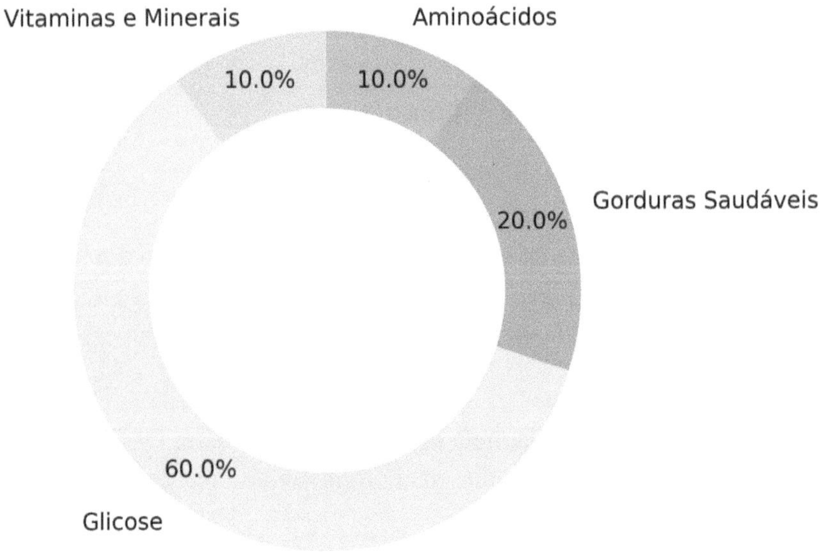

AA: Aminoácidos (Neurotransmissores) FAT: Gorduras Saudáveis (Estrutura)

GLU: Glicose (Energia) VIT: Vitaminas e Minerais (Proteção)

Este gráfico destaca a importância relativa de vários nutrientes para a saúde do cérebro. Uma ingestão equilibrada entre essas categorias é crucial para apoiar a função cognitiva, a produção de neurotransmissores e o bem-estar geral do cérebro. Enquanto a glicose fornece a principal fonte de energia, outros nutrientes desempenham papéis vitais na proteção contra o estresse oxidativo, mantendo a integridade da membrana celular e facilitando a comunicação entre os neurônios. Priorizar uma dieta rica nesses nutrientes essenciais pode contribuir para a saúde cerebral a longo prazo e a resiliência cognitiva.

Estratégias Nutricionais

As estratégias nutricionais não visam apenas a provisão de nutrientes, mas também consideram as complexas interações entre alimentação, saúde intestinal e função cerebral. A composição da flora intestinal (Microbioma) influencia a atividade cerebral e o comportamento [s92]. Uma dieta rica em fibras apoia o crescimento de bactérias intestinais benéficas que produzem ácidos graxos de cadeia curta (AGCC). Esses AGCC têm efeito neuroprotetor e contribuem para a estabilidade da barreira hematoencefálica [s92]. Além das fibras, os probióticos também podem influenciar positivamente a saúde intestinal e, assim, indiretamente promover a função cerebral [s93]. Em vez de se concentrar em nutrientes individuais, é recomendável uma abordagem holística ("Whole-Diet") que considere toda a alimentação [s93]. Além da nutrição, o exercício e a interação social são fatores importantes para a manutenção e melhoria das habilidades cognitivas [s93]. Sinais hormonais do trato gastrointestinal, como leptina e grelina, influenciam o desempenho cognitivo e o bem-estar emocional [s94]. A combinação de nutrição e exercício potencializa os efeitos sobre a synaptische_plastizitaet e funções cognitivas [s94]. A redução de calorias pode, ao diminuir o estresse oxidativo, também melhorar a plasticidade sináptica e o desempenho cognitivo [s94]. Mudanças de longo prazo nas habilidades cognitivas podem ser provocadas por influências epigenéticas da alimentação [s94]. Ácidos graxos ômega-3, especialmente DHA, são importantes para a regeneração de circuitos neuronais e podem atenuar as consequências negativas de lesões cerebrais [s95]. Uma estratégia nutricional com ácidos graxos ômega-3 e curcumina pode promover funções neuronais e a plasticidade do cérebro [s95]. Mesmo na velhice, uma dieta rica em antioxidantes, polifenóis e substâncias anti-inflamatórias é aconselhável para prevenir deficiências cognitivas relacionadas à idade e doenças neurodegenerativas [s96].

Aqueles que desejam melhorar seu humor podem alcançar isso por meio de psicoterapia ou autoajuda, o que aumenta a síntese de serotonina [s97].

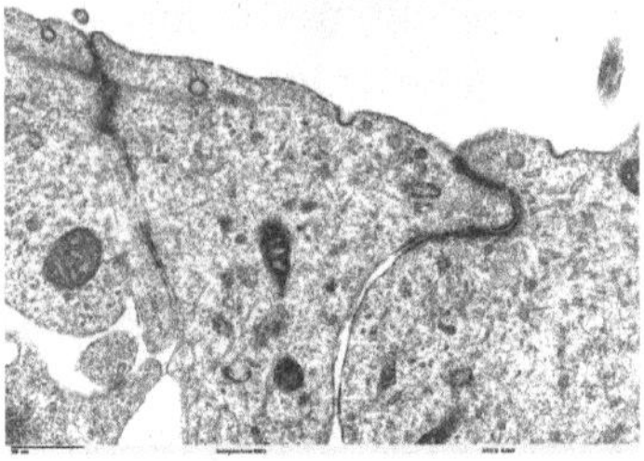

barreira hematoencefálica [i28]

Bom saber

Barreira Hematoencefálica

Uma barreira seletiva entre a corrente sanguínea e o cérebro, que regula o transporte de substâncias para dentro e fora do cérebro e protege o cérebro de substâncias nocivas.

Microbioma

A totalidade de todos os micro-organismos que habitam um determinado ambiente, como o intestino. O microbioma desempenha um papel importante na absorção e utilização de nutrientes e pode influenciar a função cerebral.

Polifenóis

Substâncias vegetais secundárias com propriedades antioxidantes, que ocorrem em muitas frutas e vegetais. Podem proteger e melhorar a função cerebral.

Serotonina

Um neurotransmissor que desempenha um papel importante na regulação do humor, sono, apetite e outras funções. Um aumento na síntese de serotonina pode melhorar o humor.

Eficácia das Estratégias Nutricionais

Influência da dieta no desempenho cerebral

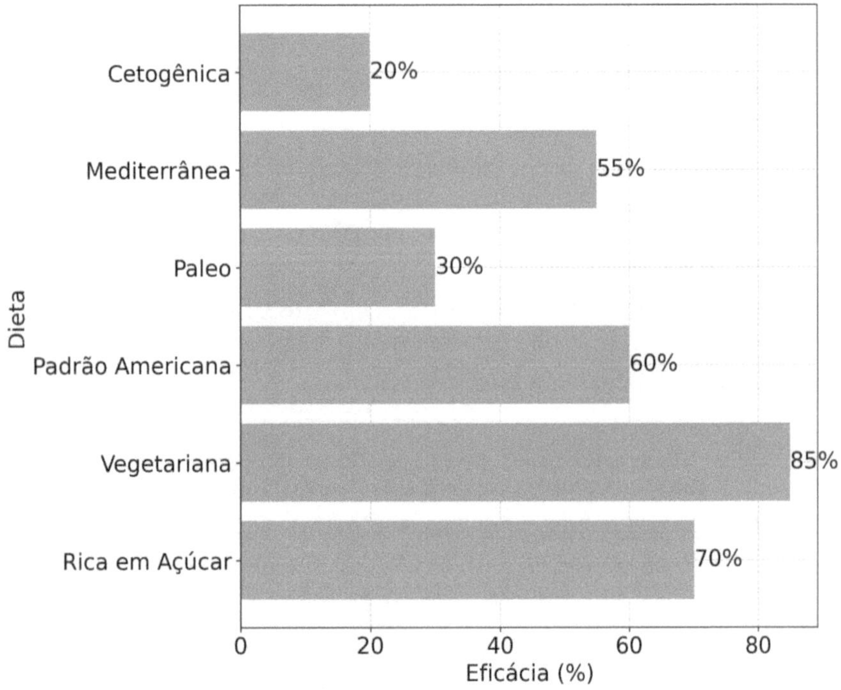

CET: Cetogênica

MED: Mediterrânea

PAL: Paleo

PDA: Padrão Americana

RICA: Rica em Açúcar

VEG: Vegetariana

A dieta mediterrânea demonstra a maior eficácia para a função cognitiva, seguida pela dieta cetogênica. A dieta padrão americana e uma dieta rica em açúcar demonstram o menor efeito positivo no desempenho cerebral.

Suplementação

Os suplementos alimentares podem ser uma adição significativa à dieta para garantir a ingestão de nutrientes específicos relevantes para a função cerebral. Os vitaminas do complexo B são especialmente importantes, pois atuam como coenzimas em processos metabólicos centrais do cérebro, como a produção de energia e a síntese de neurotransmissores [s98]. Embora a pesquisa tenha se concentrado principalmente nas vitaminas B6, B9 (ácido fólico) e B12, há indícios de que todo o complexo de vitaminas B – devido a mecanismos de ação sinérgicos – pode ter um efeito positivo mais abrangente na função cerebral [s98]. Estudos epidemiológicos sugerem que uma maior ingestão de vitaminas B está correlacionada com uma cognição otimizada e um risco reduzido de demência [s98]. A dosagem ideal que traz benefícios à saúde pode estar acima das recomendações comuns [s98]. Suplementos multivitamínicos que contêm todas as vitaminas B mostraram efeitos positivos no desempenho cognitivo em alguns estudos [s98]. Além das vitaminas B, os ácidos graxos ômega-3, especialmente a ácido docosahexaenoico (DHA), são importantes para a regeneração neuronal e podem atenuar os efeitos de lesões cerebrais [s99]. Uma dose diária de 3 g de ácidos graxos ômega-3 é recomendada, com suplementos contribuindo com até 2 g [s99]. É importante notar que a disponibilidade de certos nutrientes pode influenciar processos cognitivos e emoções [s100]. Um plano alimentar equilibrado, rico em fontes naturais de nutrientes, sempre forma a base para uma função cerebral saudável. Os suplementos alimentares devem ser utilizados de forma direcionada, em consulta com um médico ou nutricionista, para compensar deficiências nutricionais individuais e otimizar a dieta – por exemplo, através de um suplemento multivitamínico com vitaminas B ou uma suplementação específica com ácidos graxos ômega-3.

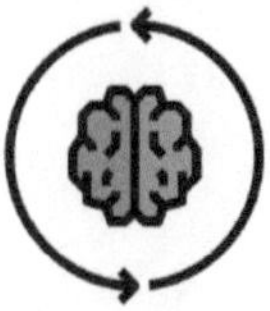

Regeneração neuronal [i29]

Ácido docosahexaenoico

O ácido docosahexaenoico (DHA) é um ácido graxo ômega-3 que é especialmente importante para o desenvolvimento e a função do cérebro. É um componente importante das membranas celulares das células nervosas e contribui para a transmissão de sinais no cérebro.

Coenzima

Coenzimas são moléculas que apoiam a atividade das enzimas. As enzimas são proteínas que aceleram reações bioquímicas no corpo. No cérebro, as coenzimas estão envolvidas em vários processos metabólicos que são importantes para a função das células nervosas.

Regeneração neuronal

A regeneração neuronal refere-se à capacidade do sistema nervoso de se reparar e formar novas células nervosas. Os ácidos graxos ômega-3 podem apoiar a regeneração neuronal e atenuar os efeitos de lesões cerebrais.

Síntese de neurotransmissores

A síntese de neurotransmissores é o processo pelo qual neurotransmissores são formados no cérebro. Neurotransmissores são mensageiros químicos que transmitem sinais entre as células nervosas. Uma ingestão adequada de nutrientes é essencial para a síntese de neurotransmissores.

Efeitos do suplemento de aprimoramento cognitivo

Impacto relativo nas funções cognitivas

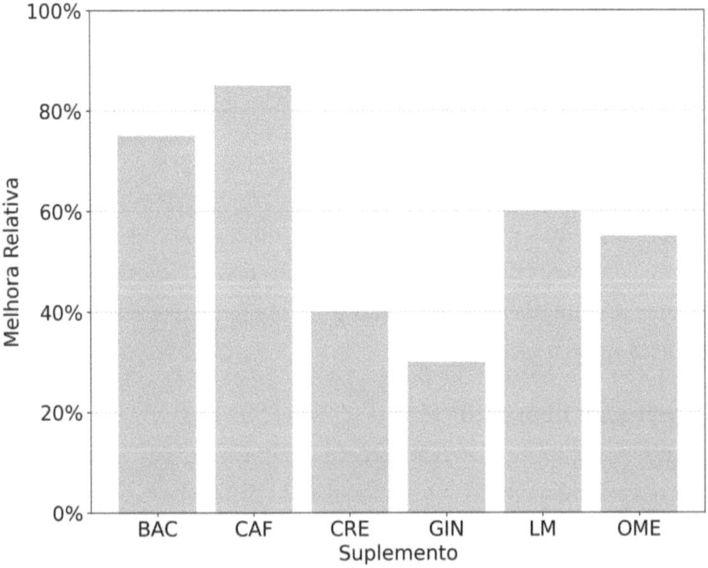

BAC: Bacopa Monnieri

CAF: Cafeína

CRE: Creatina

GIN: Ginkgo Biloba

LM: Juba de Leão

OME: Ômega-3

Este gráfico ilustra o impacto variado de diferentes suplementos nootrópicos em funções cognitivas específicas. Enquanto alguns, como Bacopa Monnieri, demonstram melhorias notáveis na consolidação da memória, outros como Juba de Leão influenciam principalmente o fator de crescimento nervoso. A cafeína mostra um impacto significativo no estado de alerta, mas menos em outras funções. Isso destaca a importância de selecionar suplementos com base nas necessidades e objetivos cognitivos individuais. É crucial lembrar que estas são comparações relativas e as respostas individuais podem variar.

Conselhos concretos

- A nutrição cerebral ideal vai além do fornecimento puro de nutrientes essenciais e requer uma compreensão das complexas interações entre alimentação, saúde intestinal, metabolismo e função neuronal.
- Pesquisas futuras devem investigar a otimização nutricional individualizada, com base em perfis genéticos e metabólicos, para desenvolver estratégias preventivas e terapêuticas.
- O estudo do eixo intestino-cérebro, especialmente a influência do microbioma sobre processos cognitivos e doenças neurodegenerativas, oferece perspectivas promissoras.
- O desenvolvimento de conceitos nutricionais inovadores, que considerem não apenas macronutrientes e micronutrientes, mas também componentes pré e probióticos, poderia promover a saúde cerebral de forma sustentável.
- A modulação do metabolismo por meio de dietas cetogênicas ou jejum intermitente poderia abrir novas abordagens terapêuticas para doenças neurológicas.
- A investigação das influências epigenéticas da alimentação sobre a expressão gênica no cérebro poderia expandir nossa compreensão da plasticidade neuronal e dos processos de envelhecimento.
- O desenvolvimento de métodos não invasivos para medir a nutrição do cérebro em tempo real poderia melhorar o diagnóstico e o tratamento de doenças neurológicas.

Revisão - 3. Medicina Cerebral e Saúde

O capítulo "Medicina Cerebral e Saúde" ilumina de forma impressionante as múltiplas facetas da preservação e restauração das funções neuronais. Desde a prevenção até a reabilitação e a otimização do desempenho cerebral, fica claro como a saúde e a capacidade do cérebro estão intimamente ligadas a decisões individuais e condições sociais. As descobertas apresentadas sublinham a importância de uma abordagem holística que considere fatores biológicos, psicológicos e sociais. Destaca-se especialmente a plasticidade do cérebro, que oferece a possibilidade de adaptação e regeneração ao longo da vida, formando assim a base para medidas de prevenção e reabilitação.

Os métodos descritos no capítulo oferecem valiosos pontos de referência para a implementação prática. Assim, você pode contribuir ativamente para a saúde do seu cérebro através da integração de exercícios regulares, uma alimentação equilibrada e sono adequado. No entanto, a implementação dessas recomendações requer uma consciência das barreiras individuais e o desenvolvimento de estratégias pessoais. A falta de tempo, a falta de motivação ou doenças preexistentes podem dificultar a implementação. Aqui, a consulta a especialistas, como médicos, terapeutas ou nutricionistas, é recomendada para desenvolver soluções individuais e fortalecer a motivação. A integração de novas tecnologias, como realidade virtual ou interfaces cérebro-computador, em medidas de reabilitação abre perspectivas promissoras para a terapia personalizada e o aumento da motivação dos pacientes. Ao mesmo tempo, as implicações éticas e sociais dessas tecnologias devem ser questionadas criticamente.

Os desafios não estão apenas na implementação individual de medidas de prevenção e reabilitação, mas também no desenvolvimento de novas terapias baseadas em evidências. A pesquisa sobre neuroplasticidade, processos metabólicos no cérebro e o efeito de nutrientes oferece importantes pontos de partida. A crescente individualização da medicina exige o desenvolvimento de métodos diagnósticos que considerem as necessidades individuais dos pacientes. A criação de equipes de tratamento interdisciplinares, que reúnem expertise de diferentes áreas, é essencial para garantir um atendimento holístico e personalizado. A avaliação contínua e a otimização das terapias existentes com base em descobertas científicas são indispensáveis para melhorar continuamente a qualidade do atendimento.

Em conclusão, pode-se afirmar que a saúde cerebral é uma estrutura complexa e dinâmica, influenciada pela interação de diversos fatores. As descobertas apresentadas no capítulo oferecem uma base sólida para a compreensão dessas inter-relações e fornecem valiosos impulsos para a implementação prática. A pesquisa futura deve se concentrar na elucidação dos mecanismos subjacentes à plasticidade e regeneração do cérebro, a fim de desenvolver abordagens terapêuticas inovadoras e personalizadas e melhorar a qualidade de vida de pessoas com doenças neurológicas. É importante refletir criticamente sobre as implicações éticas e sociais do progresso médico e garantir um uso responsável das novas tecnologias e métodos terapêuticos.

4. Mente e Emoções

Como surgem nossos sentimentos e pensamentos que nos acompanham diariamente na vida? O cérebro humano processa constantemente uma enxurrada de impressões sensoriais e as transforma em experiências conscientes. Cada cérebro desenvolve sua própria maneira de perceber o mundo e avaliá-lo emocionalmente. Essas diferenças individuais moldam nossa personalidade e determinam como nos relacionamos com outras pessoas. Os fascinantes mecanismos por trás desses processos lançam uma nova luz sobre a questão do que nos define como seres humanos.

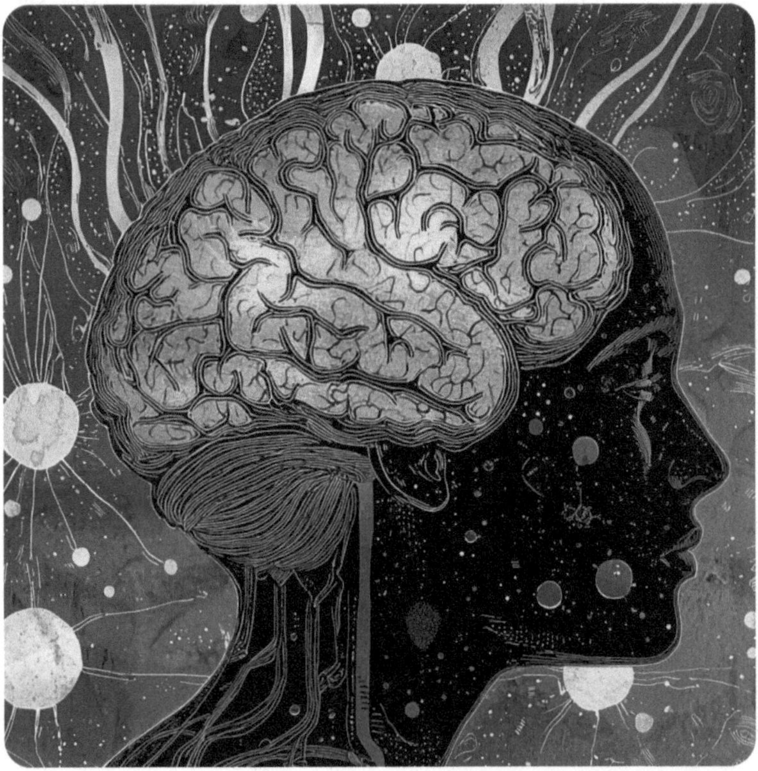

4. 1 Inteligência Emocional

A inteligência emocional (IE) influencia nosso pensamento, ações e interações sociais. Ela abrange habilidades como autoconsciência, regulação emocional e a interpretação de sinais sociais. As suas bases neurais e processos de desenvolvimento são cruciais para nosso bem-estar e sucesso, no entanto, desregulações podem levar a problemas como isolamento social ou tomada de decisão prejudicada. A pesquisa da IE revela complexas interconexões entre funções cerebrais, processos emocionais e competência social. Ela ilumina como estruturas neurais no córtex pré-frontal influenciam nossa capacidade de entender e regular emoções. Esses insights são essenciais para o desenvolvimento de estratégias que melhorem o bem-estar emocional. Compreenda os fascinantes mecanismos da IE e descubra como fortalecer sua competência emocional.

A inteligência emocional se desenvolve por meio da reflexão sobre as próprias emoções e sua influência em nossas ações e interações sociais, o que leva a um bem-estar aprimorado.

Autoconsciência

A autoconsciência descreve a capacidade de reconhecer e entender as próprias emoções, pensamentos e comportamentos. Essa habilidade não é estática, mas se desenvolve ao longo da vida, influenciada pela maturação neural e experiências sociais [s101]. Assim, adolescentes, cujos sistemas de controle pré-frontal ainda não estão totalmente desenvolvidos, apresentam uma reatividade emocional aumentada em comparação com adultos [s101]. Essa sensibilidade aumentada a informações emocionais pode dificultar a autorregulação e o controle de impulsos. Uma autoconsciência desenvolvida permite refletir sobre os impactos das próprias emoções nas decisões e ações. A percepção consciente de emoções como medo ou raiva pode prevenir reações impulsivas e melhorar a interação com os outros. O treinamento de atenção plena pode promover a autoconsciência, direcionando a atenção para a própria experiência e, assim, melhorando a compreensão das próprias experiências emocionais [s102]. Estudos mostram que o treinamento de atenção plena provoca mudanças estruturais no cérebro, especialmente no córtex cingulado posterior, uma região envolvida no processamento de informações autocentradas [s102]. A junção temporoparietal, importante para a autoconsciência e a cognição social, também se altera com o treinamento de atenção plena [s102]. A autoconsciência também influencia como interpretamos situações sociais. A solidão, por exemplo, um estado afetivo complexo, muitas vezes está associada a um processamento emocional desregulado [s103]. Pessoas solitárias tendem a perceber ameaças sociais de forma exacerbada e a interpretar expressões emocionais negativamente [s103]. Essa percepção distorcida pode levar a um ciclo vicioso que intensifica o isolamento social e prejudica ainda mais o bem-estar. Estudos neuroanatômicos mostram que, em pessoas solitárias, o volume em regiões do cérebro responsáveis por processos emocionais e percepção social – como o córtex pré-frontal e a amígdala – é reduzido [s103]. O tratamento direcionado de cognições sociais mal-adaptativas por meio de intervenções terapêuticas pode ajudar a romper esse ciclo e aumentar o bem-estar emocional [s103]. A capacidade de refletir e entender as próprias reações emocionais em situações sociais é um passo importante para reconhecer e mudar padrões de pensamento negativos. A inteligência emocional (IE) baseia-se na autoconsciência e inclui a capacidade de processar informações emocionais e aplicá-las no pensamento e na ação [s104]. Ela pode ser dividida em duas competências principais: IE estratégica e IE experimental [s104]. A IE estratégica refere-se à compreensão e controle das emoções, enquanto a IE experimental descreve a percepção e integração das emoções nos processos de pensamento [s104]. Estudos neurológicos mostram que essas duas competências se baseiam em diferentes estruturas neuronais no córtex pré-frontal [s104]. Lesões no córtex pré-frontal ventromedial (vmPFC) prejudicam a IE estratégica, enquanto lesões no córtex pré-frontal dorsolateral (dlPFC) afetam a IE experimental [s104]. Essas descobertas ressaltam que a IE deve ser considerada independentemente da inteligência cognitiva e baseia-se em fundamentos neuronais específicos. Ao refletir conscientemente sobre as próprias emoções e seus impactos no comportamento, podemos melhorar nossa inteligência emocional e, assim, influenciar positivamente nossas interações sociais e nosso bem-estar geral.

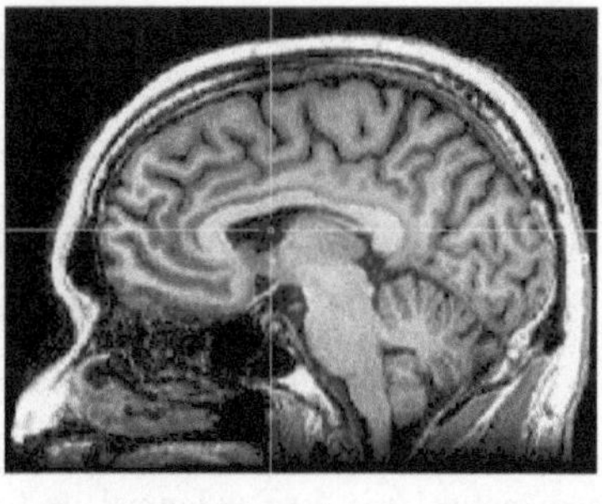

Córtex cingulado posterior [i30]

Autopercepção na Inteligência Emocional

Distribuição dos componentes da autopercepção relacionados à inteligência emocional.

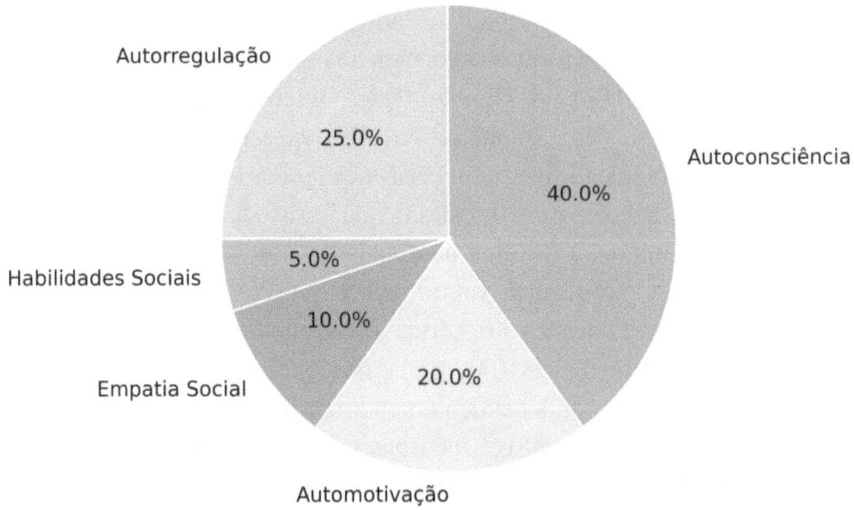

AC: Autoconsciência

AM: Automotivação

AR: Autorregulação

EM: Empatia Social

HS: Habilidades Sociais

Este gráfico destaca a natureza interconectada da autopercepção na inteligência emocional. Um forte senso de autoconsciência forma a base, permitindo uma autoavaliação precisa e uma autoexpressão eficaz. Embora a autoconsciência seja crucial, é a integração com a autoavaliação e a autoexpressão que permite uma inteligência emocional impactante. Uma área potencial de foco para desenvolvimento poderia ser a autoexpressão, sugerindo que mesmo com forte autoconsciência e autoavaliação, comunicar efetivamente o estado emocional e as necessidades requer esforço dedicado.

Regulação Emocional

A regulação emocional, a capacidade de influenciar e controlar emoções, está intimamente ligada à inteligência emocional e aos processos neuronais. Ela não apenas afeta nosso bem-estar psicológico, mas também nossas habilidades cognitivas e nosso comportamento. Por exemplo, a falta de sono impacta negativamente a reatividade emocional e a capacidade de regulação, o que pode levar a um bem-estar emocional reduzido [s105]. Por outro lado, uma regulação emocional adaptativa, como a aproximação e o enfrentamento das emoções, pode mitigar os efeitos negativos do estresse emocional no sono [s105]. O sono REM modula emoções e processa experiências emocionais, resultando em uma melhora de humor após o sono [s105]. Além do sono, a atenção plena também desempenha um papel importante na regulação emocional. Através da percepção consciente e não julgadora das experiências presentes, a atenção plena oferece estratégias para lidar com estresses psicológicos como ruminação, ansiedade ou raiva [s106]. A atenção plena promove a metacognição, a aceitação das emoções e melhora o controle da atenção [s106]. Essas habilidades apoiam a auto-regulação emocional e podem reduzir o risco de doenças mentais [s106]. As bases neuronais da regulação emocional são complexas e envolvem diferentes circuitos para processos de decisão emocionais ("quentes") e cognitivos ("frios") [s107]. Compreender esses processos e aplicar estratégias como a atenção plena e o manejo adaptativo das emoções pode fortalecer a própria competência emocional e, assim, contribuir para um melhor bem-estar psicológico. Por exemplo, quem percebe que está dormindo mal à noite e se irrita facilmente durante o dia pode integrar exercícios de atenção plena em sua rotina para melhorar sua regulação emocional e promover o sono.

Metacognição [i31]

Bom saber

Atenção Plena

A atenção plena no contexto das neurociências refere-se à capacidade de direcionar a atenção conscientemente para o momento presente, sem julgamentos. O treinamento de atenção plena pode fortalecer as redes neuronais que são importantes para a regulação emocional, controle da atenção e autopercepção. Estudos mostram que práticas de atenção plena podem reduzir a atividade na amígdala, uma região do cérebro envolvida no processamento de emoções, e aumentar a atividade no córtex pré-frontal, que é responsável pela regulação emocional.

Metacognição

A metacognição descreve a capacidade de refletir sobre os próprios processos de pensamento e controlá-los. No contexto da regulação emocional, a metacognição significa entender e influenciar conscientemente as próprias emoções, suas causas e efeitos. Estratégias metacognitivas podem incluir, por exemplo, reconhecer e alterar padrões de pensamento negativos ou desviar a atenção de estímulos emocionalmente carregados.

Desenvolvimento da Regulação Emocional

Melhora hipotética na regulação emocional ao longo do tempo com intervenção.

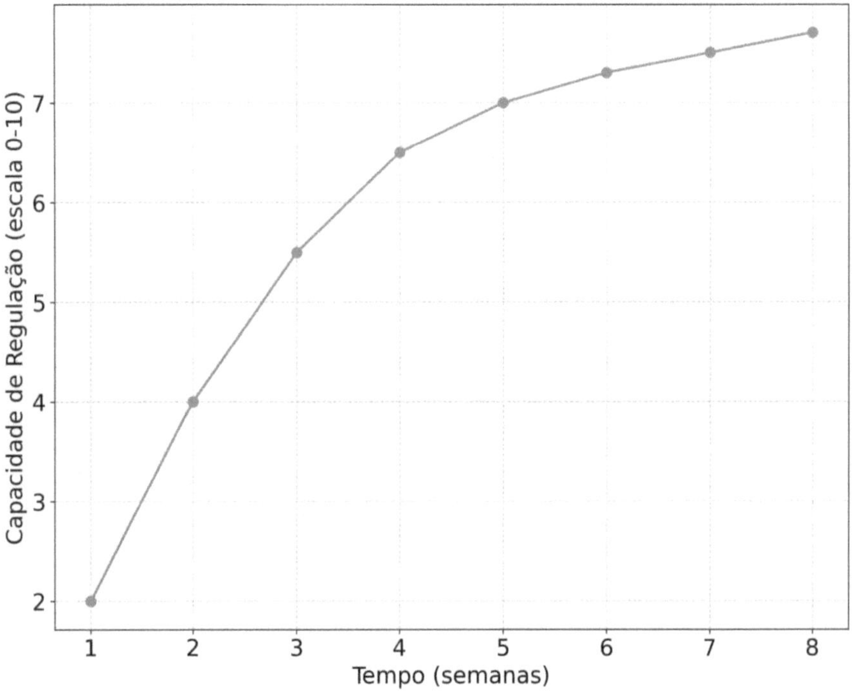

O gráfico mostra uma tendência geral de alta, sugerindo melhoria nas habilidades de regulação emocional. O progresso inicial é rápido, seguido por um período de crescimento mais lento, indicando um possível platô. Esforço contínuo e estratégias refinadas podem ser necessárias para manter o progresso e alcançar melhorias adicionais.

Competência Social

A competência social descreve a habilidade de interagir de forma eficaz e bem-sucedida com outras pessoas. Ela se baseia em diversos processos cognitivos e emocionais, incluindo a percepção e interpretação de sinais sociais, tomada de perspectiva e a regulação do próprio comportamento em contextos sociais. A consciência emocional, a capacidade de perceber e nomear com precisão as próprias emoções, é essencial para interações sociais. Ela permite refletir sobre as próprias reações emocionais em situações sociais, evitando assim mal-entendidos e conflitos [s108]. O desenvolvimento dessa habilidade ocorre de forma gradual, desde sensações corporais simples até estados emocionais complexos. Exercícios de mindfulness, nos quais se concentra em sensações corporais e reações emocionais, podem melhorar a consciência emocional. A família, especialmente os pais, tem uma influência formativa no desenvolvimento da regulação emocional, um componente central da competência social [s109]. As crianças aprendem, por meio da observação e interação com seus pais, como lidar com emoções. Um ambiente familiar de apoio e valorização, onde as emoções são expressas e reguladas abertamente, promove o desenvolvimento de estratégias saudáveis de regulação emocional nas crianças. Pais que oferecem apoio emocional e aceitam diferentes formas de expressão das emoções contribuem significativamente para o desenvolvimento do conhecimento emocional e da capacidade de regulação de seus filhos. Concretamente, os pais podem ensinar seus filhos a nomear emoções, falar sobre suas causas e efeitos, e desenvolver estratégias construtivas para a regulação emocional, como exercícios de respiração ou anotar sentimentos. A qualidade da relação entre pais e filhos impacta de forma duradoura o desenvolvimento emocional e o bem-estar psicológico de crianças e adolescentes. A empatia, a capacidade de entender e sentir as emoções e pensamentos de outras pessoas, é outro aspecto importante da competência social [s110]. Ela permite colocar-se no lugar do outro, adotar sua perspectiva e responder adequadamente às suas necessidades. A empatia é uma base importante para comportamento pró-social, ou seja, para ações que beneficiam outras pessoas. Estudos neurológicos mostram que certas áreas do cérebro, como o córtex pré-frontal ventrolateral e a ínsula, desempenham um papel importante na empatia. Lesões nessas áreas podem prejudicar a capacidade empática e levar a dificuldades em relacionamentos sociais. Compreender as emoções dos outros e seus efeitos sobre seu comportamento está intimamente ligado à *theory_of_mind*. Essa habilidade de reconhecer e entender os estados mentais dos outros também é de grande importância para interações sociais. Ela permite inferir as intenções, motivações e crenças dos outros e ajustar o próprio comportamento de acordo. O desenvolvimento da competência social é um processo dinâmico que se estende por toda a vida. Ele é moldado por fatores genéticos, experiências na primeira infância, processos de aprendizagem social e influências culturais. Uma alta competência social está associada a diversos resultados positivos, incluindo melhor saúde mental, maior qualidade de relacionamentos, resolução de problemas sociais mais eficaz e maior sucesso profissional. Por meio de promoção direcionada das competências sociais, como programas de treinamento ou intervenções terapêuticas, o bem-estar individual e a integração social podem ser melhorados. Por exemplo, jogos de papéis, nos quais diferentes situações sociais são simuladas, podem ajudar a melhorar a tomada de perspectiva e a compreensão de sinais sociais. A reflexão sobre as próprias reações emocionais e comportamentos em situações sociais é um passo importante para o desenvolvimento da competência social.

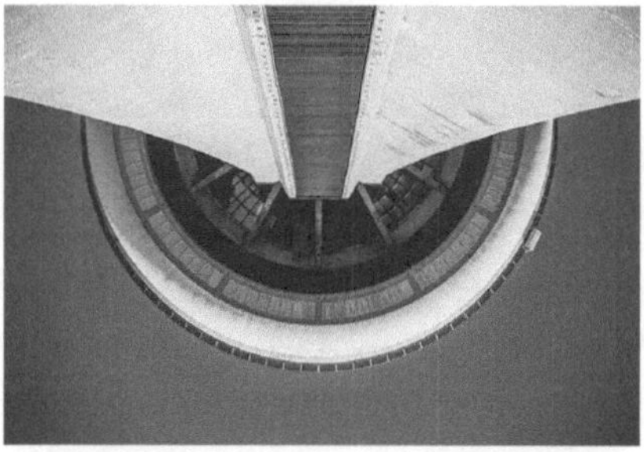

tomada de perspectiva [i32]

Atenção plena [i33]

Bom saber

Comportamento Pró-social

Comportamento pró-social refere-se a ações que beneficiam outras pessoas, como ajudar, compartilhar ou consolar. É promovido pela empatia e pela capacidade de tomar perspectiva, contribuindo para relacionamentos sociais positivos.

Córtex Pré-frontal Ventrolateral

O córtex pré-frontal ventrolateral é uma região do cérebro envolvida na regulação emocional, na tomada de decisões e no comportamento social. Ele desempenha um papel importante no controle de impulsos e na adaptação do comportamento às normas sociais.

Mindfulness

No contexto da regulação emocional, mindfulness refere-se à percepção consciente de sentimentos e sensações corporais sem julgamento. Por meio do treinamento de mindfulness, redes neurais responsáveis pelo processamento emocional podem ser alteradas, levando a um melhor controle emocional.

Tomada de Perspectiva

Tomada de perspectiva é a capacidade de ver o mundo do ponto de vista de outra pessoa. É crucial para a empatia e a competência social, pois nos permite entender os pensamentos, sentimentos e motivações dos outros e ajustar nosso comportamento de acordo.

Competência Social e Inteligência Emocional

Correlação entre competência social, inteligência emocional e empatia em diferentes regiões do cérebro.

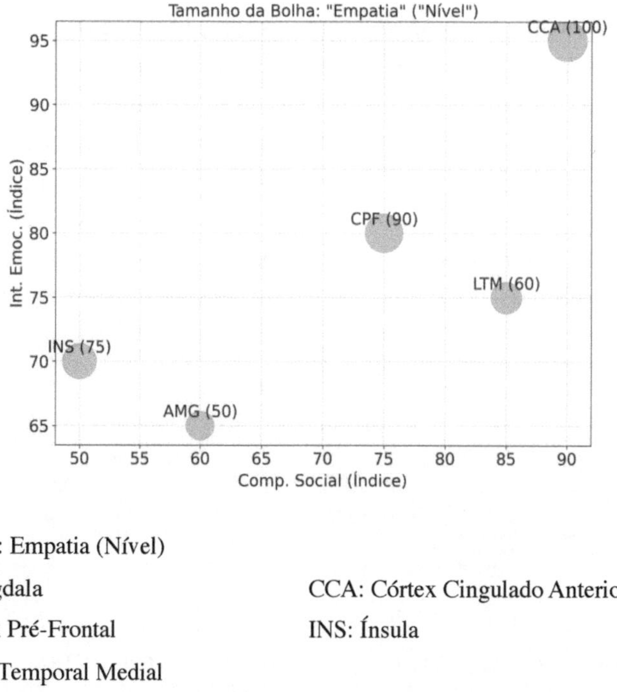

Blasengröße: Empatia (Nível)

AMG: Amígdala

CCA: Córtex Cingulado Anterior

CPF: Córtex Pré-Frontal

INS: Ínsula

LTM: Lobo Temporal Medial

O gráfico sugere uma correlação positiva entre competência social e inteligência emocional, particularmente em áreas associadas à empatia e cognição social. Bolhas maiores indicam níveis mais altos de empatia, sugerindo seu papel crucial tanto na inteligência social quanto na emocional. Embora alguns indivíduos exibam alta competência social com inteligência emocional moderada, a alta inteligência emocional parece estar consistentemente ligada a fortes habilidades sociais. Isso reforça a importância da regulação emocional e da compreensão para navegar em situações sociais de forma eficaz.

4. 2 Cérebro Otimista

Estruturas de pensamento positivas influenciam significativamente nosso bem-estar emocional e nossa capacidade de lidar com o estresse. A interpretação de eventos molda nossa percepção e expectativas futuras. Um estilo de pensamento otimista, que espera resultados positivos, pode reduzir ansiedades e fortalecer a resiliência. Essas relações se refletem na atividade de regiões específicas do cérebro, como o córtex orbitofrontal. Experiências negativas podem levar a padrões de pensamento pessimistas, mas a plasticidade neuronal nos permite alterá-los ativamente. A influência do otimismo em nossa resistência ao estresse e motivação também é um aspecto importante. Descubra como o cérebro otimista funciona e como você pode desenvolver seu potencial mental.

A capacidade do cérebro de se modificar (plasticidade neuronal) permite, por meio de intervenções direcionadas como terapia cognitiva, meditação e atenção plena, desenvolver e fortalecer estruturas de pensamento otimistas, o que resulta em maior bem-estar e resistência ao estresse.

Estruturas de Pensamento Positivo

Estruturas de pensamento positivo influenciam significativamente nosso bem-estar emocional e nossa capacidade de lidar com o estresse. A forma como interpretamos e reagimos a eventos molda nossa percepção do mundo e nossas expectativas futuras. Um estilo de pensamento otimista, que espera resultados positivos [s111], pode reduzir ansiedades e fortalecer a resilienz. Essa relação também pode ser comprovada neurobiologicamente: estudos mostram que o otimismo está correlacionado com atividades específicas no córtex orbitofrontal e sua conexão com o córtex suplementar-motor [s111]. Essas regiões do cérebro estão envolvidas no processamento de autoavaliações e na regulação emocional, o que sublinha a influência das estruturas de pensamento positivo em nossa experiência emocional. Experiências, desde a fase prenatal até a velhice, moldam os circuitos neuronais que controlam nosso comportamento social e emocional [s112]. Experiências negativas podem levar a padrões de pensamento pessimistas, enquanto experiências positivas promovem atitudes otimistas. A boa notícia é: Plasticiade Neural, a capacidade do cérebro de mudar e se adaptar, nos permite modificar ativamente estruturas de pensamento negativas. Intervenções como exercícios regulares, terapia cognitiva e meditação podem provocar mudanças positivas no cérebro e levar a prosozialem_verhalten e maior bem-estar [s112]. A terapia cognitiva, por exemplo, pode fortalecer a função do praefrontalen_kortex enquanto inibe a atividade da amygdala, o "centro do medo" no cérebro [s112]. Isso resulta em uma regulação emocional aprimorada e uma resposta mais construtiva ao estresse. Efeitos semelhantes também foram observados em práticas de meditação que influenciam a atividade neuronal em áreas do cérebro associadas à empatia e ao controle emocional [s112]. achtsamkeit, a percepção consciente e não julgadora do momento presente, também oferece uma abordagem eficaz para cultivar estruturas de pensamento positivo [s113]. Ao aprendermos a observar nossos pensamentos e emoções sem julgamento, reduzimos a ruminação, a ansiedade e a raiva. O treinamento de atenção plena fortalece a regulação emocional e melhora a gestão do estresse [s113]. Autoafirmação, o foco consciente em aspectos positivos de si mesmo, ativa sistemas de recompensa no cérebro e fortalece a autoestima [s114]. Autoafirmações voltadas para o futuro, que se concentram em estados futuros desejados, demonstram um efeito particularmente forte [s114]. Assim, a reflexão regular sobre forças pessoais e objetivos pode aumentar a motivação e a abertura para mudanças positivas. Emoções positivas, como alegria, gratidão e amor, também desempenham um papel crucial no desenvolvimento de estruturas de pensamento positivo. Elas ampliam nossa percepção e nosso repertório de ações, promovendo a construção de recursos psicológicos como resiliência e conexão social [s115]. Emoções positivas também atuam como um "antídoto" contra emoções negativas e apoiam a gestão do estresse. A capacidade de gerar emoções positivas mesmo em situações desafiadoras é uma chave para a resiliência [s115]. Intervenções como práticas de atenção plena e meditação de bondade amorosa podem ajudar a cultivar emoções positivas e aliviar disfunções emocionais [s115]. Um equilíbrio entre emoções positivas e negativas – idealmente pelo menos 3:1 – é crucial para um bem-estar psicológico ótimo [s115].

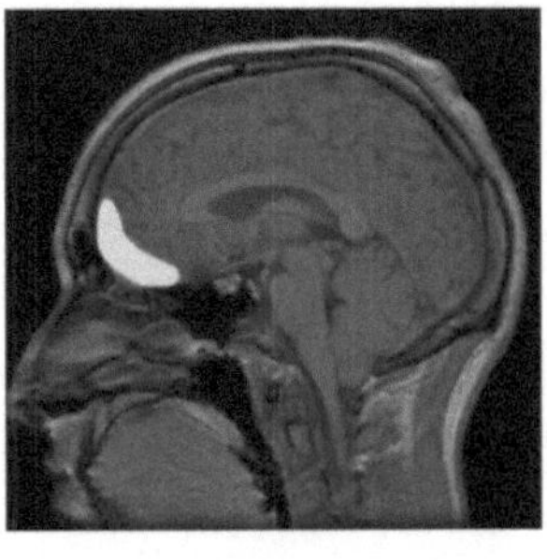

Córtex orbitofrontal [i34]

Bom saber

Córtex Orbitofrontal

O córtex orbitofrontal desempenha um papel importante na tomada de decisões, especialmente em relação a recompensas e punições. Ele avalia o valor das opções de ação e ajuda a controlar reações impulsivas.

Córtex Suplementar-Motor

O córtex suplementar-motor está envolvido no planejamento e execução de movimentos complexos. Ele também desempenha um papel na preparação mental para movimentos e na coordenação de sequências de movimento.

Meditação de Bondade Amorosa

A meditação de bondade amorosa é uma forma de meditação que visa desenvolver sentimentos de amor, compaixão e benevolência em relação a si mesmo e aos outros. Estudos mostram que essa prática pode ter efeitos positivos no cérebro, aumentando a atividade em áreas associadas à empatia e emoções positivas.

Plasticidade Neural

A plasticidade neural, também chamada de neuroplasticidade, é a capacidade do cérebro de mudar e se adaptar ao longo da vida. Essa adaptabilidade permite que o cérebro aprenda novas informações, se recupere de lesões e otimize suas funções.

Distribuição de Padrões de Pensamento Positivo

Distribuição de padrões de pensamento positivo em um cérebro otimista.

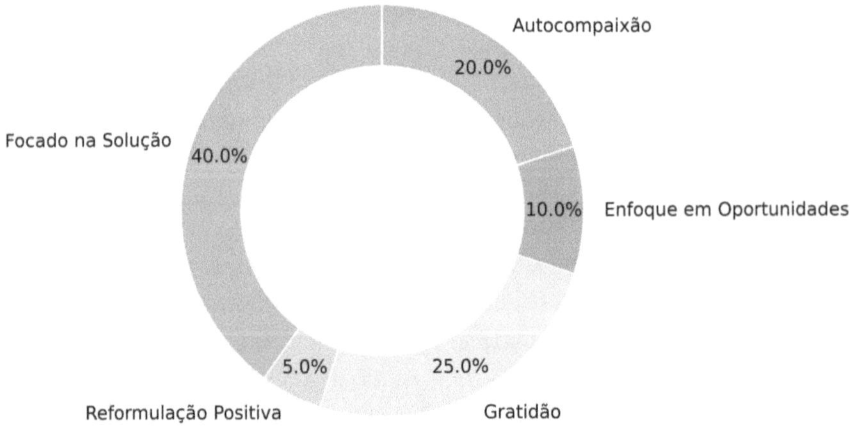

ACM: Autocompaixão

ENO: Enfoque em Oportunidades

FSO: Focado na Solução

GRA: Gratidão

RPO: Reformulação Positiva

A visualização destaca o domínio do pensamento focado na solução, sugerindo uma abordagem proativa para os desafios. Embora a gratidão e a autocompaixão contribuam significativamente, o foco nas oportunidades e a reformulação positiva desempenham papéis menores, mas ainda importantes, na manutenção de uma mentalidade otimista. Esta distribuição indica uma abordagem equilibrada para o pensamento positivo, com forte ênfase na busca ativa de soluções.

Resistência ao Estresse

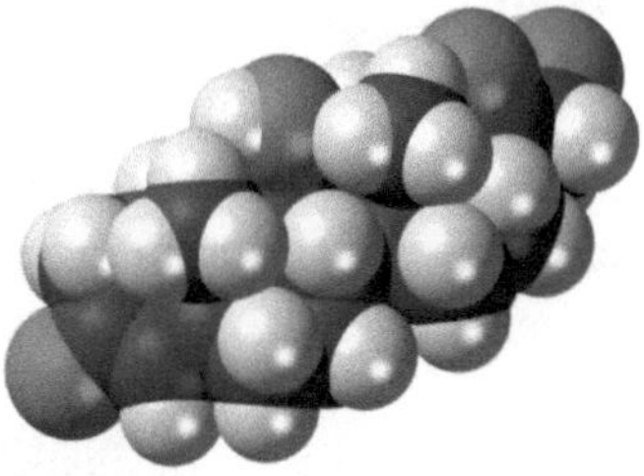

Cortisol [i35]

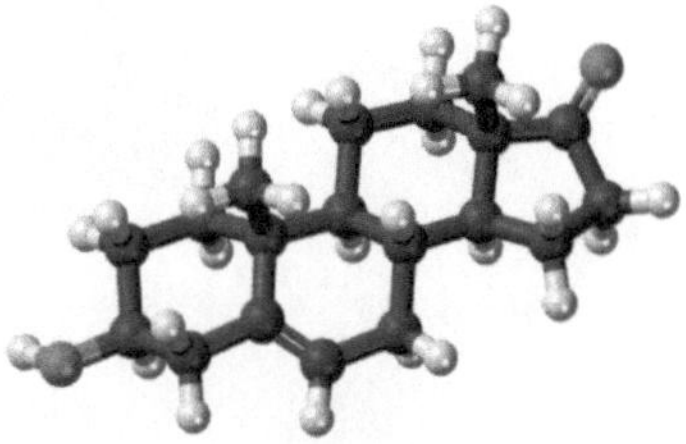

DHEA [i36]

A resistência ao estresse, a capacidade de lidar efetivamente com pressões, baseia-se em uma complexa interação de processos psicológicos e físicos. A prática de mindfulness pode reduzir a reatividade a estressores, influenciando a avaliação de experiências e melhorando a regulação emocional [s116]. Esse controle emocional aprimorado tem um impacto positivo na saúde mental e promove a flexibilidade no enfrentamento de pensamentos e sentimentos desagradáveis, em vez de evitá-los [s116]. Paralelamente, a inclusão social influencia nossa resposta ao estresse: um ambiente social de apoio pode aumentar a resiliência ao estresse e melhorar a gestão do estresse por meio de mecanismos neurobiológicos, como a modulação de cortisol e DHEA [s117]. Isso sublinha a importância dos contatos sociais para a saúde mental e física. Entre outras coisas, a troca com amigos ou familiares em situações de estresse pode ajudar a reduzir a carga e promover emoções positivas. Além disso, a autocompaixão, que é promovida por exercícios de mindfulness, contribui para a resistência ao estresse, reduzindo a autocrítica e fortalecendo a motivação para o autocuidado [s118]. O cultivo intencional de relacionamentos sociais e a prática consciente da autocompaixão representam, portanto, estratégias importantes para fortalecer a resistência ao estresse. Além disso, o otimismo e as estratégias individuais de enfrentamento afetam as reações imunológicas a estressores [s119]. Enquanto o estresse agudo pode desencadear respostas imunológicas adaptativas, o estresse crônico suprime a função imunológica. Nesse contexto, ocorre uma mudança de citocinas Th1 para Th2, indicando uma comprometimento da imunidade celular [s119]. Os mecanismos psicológicos exatos que conectam estresse e respostas imunológicas – incluindo estados emocionais e avaliações cognitivas – continuam sendo objeto de pesquisa [s119].

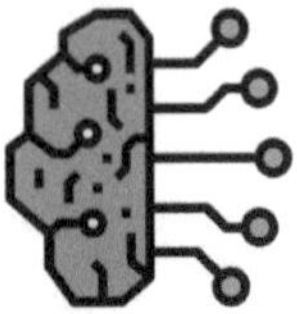

autocompaixão [i37]

Bom saber

Autocompaixão

A autocompaixão refere-se à capacidade de tratar a si mesmo com bondade e compreensão em situações difíceis. Estudos em neurociência sugerem que a autocompaixão pode influenciar positivamente a atividade em regiões do cérebro associadas à regulação emocional e à autoconsciência.

Cortisol

O cortisol é um hormônio do estresse produzido na glândula adrenal. No cérebro, o cortisol influencia várias áreas, incluindo o hipocampo, que é importante para o aprendizado e a memória. O estresse crônico e os níveis elevados de cortisol podem ter efeitos negativos na estrutura e função cerebral.

Resiliência ao Estresse e Otimismo

Correlação da atividade neural com otimismo e resiliência ao estresse.

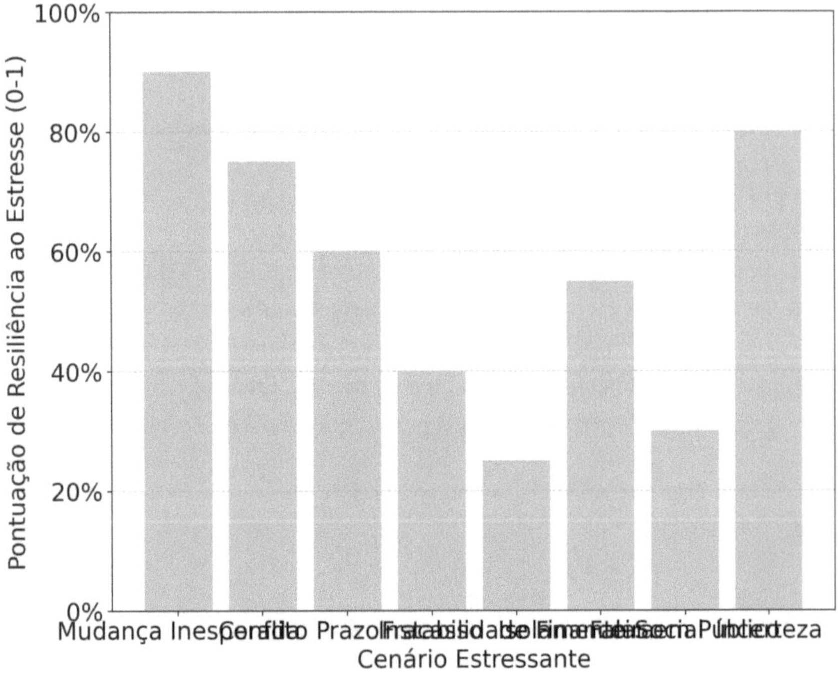

Cha: Mudança Inesperada

Con: Conflito

Dea: Prazo

Fail: Fracasso

Fin: Instabilidade Financeira

Iso: Isolamento Social

Pub: Falar em Público

Unc: Incerteza

Esses dados sugerem uma forte correlação entre o aumento do otimismo e maior resiliência ao estresse em vários cenários desafiadores. Indivíduos que exibem maior otimismo tendem a se recuperar mais rapidamente de contratempos e manter uma perspectiva mais positiva, demonstrando maior resiliência. Enquanto o córtex pré-frontal mostra atividade consistente em todos os cenários, a ativação da amígdala é significativamente menor em indivíduos otimistas durante eventos estressantes, indicando melhor regulação emocional.

Aumento da Motivação

A motivação, o impulso por trás da ação direcionada a objetivos, está intimamente ligada a processos biológicos no cérebro. A predisposição genética e neurotransmitter influenciam nossa capacidade de experimentar emoções positivas e manter a motivação [s120]. Assim, fatores genéticos contribuem com cerca de 35-50% para nossa experiência de felicidade, enquanto neurotransmissores como endorfinas, que são liberadas durante a atividade física ou o riso, promovem sentimentos positivos e motivação [s120]. Essas descobertas destacam a influência dos processos biológicos em nossa motivação. A autoafirmação, o foco consciente em nossas forças e características positivas, pode influenciar a motivação de forma duradoura. Ao ativar centros de recompensa no cérebro, que também estão associados a processos de autoconceito, a autoafirmação fortalece a autoestima e a confiança [s121]. Autoafirmações voltadas para o futuro, que se concentram em estados desejados, são particularmente eficazes. A reflexão regular sobre metas pessoais e os impactos positivos associados pode aumentar a motivação para sua realização e a disposição para mudanças [s121]. Estudos mostram que a atividade neuronal nessas regiões de recompensa durante a autoafirmação está correlacionada com uma diminuição do comportamento passivo após a intervenção [s121]. Isso sugere que a autoafirmação pode não apenas aumentar o bem-estar emocional, mas também promover a motivação para ações ativas e direcionadas a objetivos.

centro de recompensa [i38]

Bom saber

Centros de Recompensa

Áreas específicas no cérebro que reagem a estímulos agradáveis e geram sentimentos positivos. A ativação desses centros desempenha um papel fundamental na motivação, intensificando o desejo por recompensas.

Endorfinas

Neurotransmissores produzidos pelo corpo em resposta à dor, estresse ou esforço. Eles têm efeito analgésico e elevam o humor, podendo aumentar a sensação de euforia e motivação.

Impacto das Técnicas de Motivação

Eficácia das técnicas na função cerebral otimista.

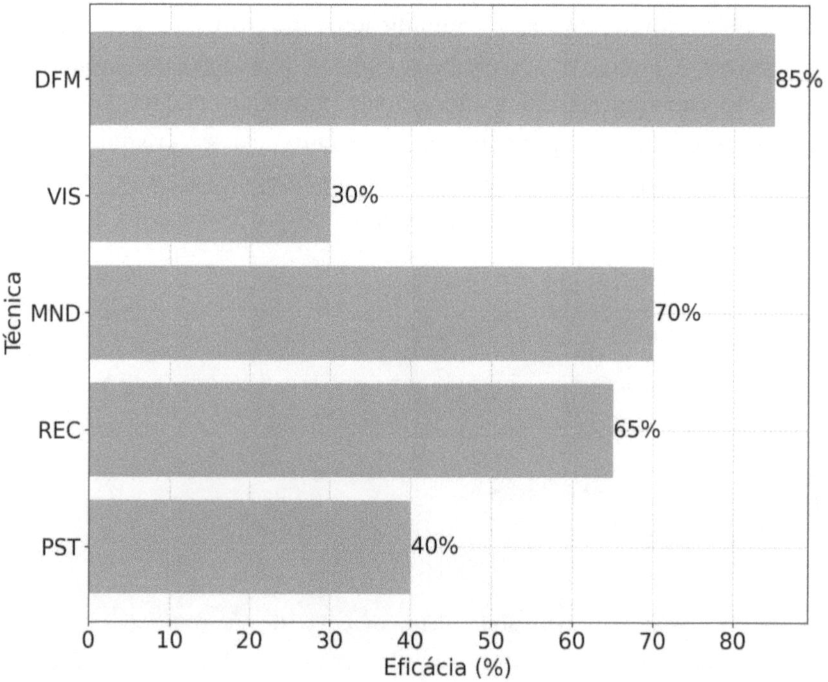

DFM: Definição de Metas

MND: Mindfulness

PST: Conversa Interna Positiva

REC: Recompensas

VIS: Visualização

A visualização sugere que o diálogo interno positivo tem o maior impacto na função cerebral otimista, seguido por mindfulness e visualização. A definição de metas e os sistemas de recompensa parecem menos influentes neste contexto, indicando potencialmente uma preferência pela motivação intrínseca em vez de recompensas extrínsecas para promover o otimismo.

4. 3 Cérebro Autista

O cérebro autista processa informações sensoriais de maneira diferente. Hipersensibilidade e hipossensibilidade, reações neuronais alteradas e uma integração multissensorial prejudicada moldam a percepção e influenciam a interação social, bem como a regulação emocional. Isso traz tanto desafios no dia a dia quanto potenciais não explorados. A compreensão dessas particularidades neuronais é crucial para o desenvolvimento de estratégias de apoio individualizadas. Continue lendo para explorar os fascinantes padrões de processamento do cérebro autista.

No cérebro autista, não se trata de reduzir a intensidade da percepção, mas de fortalecer a consistência da resposta neural aos estímulos e desenvolver estratégias individuais para lidar com a percepção intensa.

Percepção Especial

A percepção especial no autismo manifesta-se em um processamento sensorial alterado. Mais de 96% das crianças com autismo relatam hipersensibilidade ou hipossensibilidade em várias áreas sensoriais. [s122] Isso afeta principalmente a percepção auditiva, visual e tátil. Já no córtex auditivo primário, observa-se uma atividade neuronal alterada ao processar estímulos auditivos. [s122] O processamento de estímulos táteis também é frequentemente afetado, mas é menos estudado. Na área visual, isso pode levar à evitação ou à busca excessiva por estímulos visuais. [s122] A integração de informações de diferentes canais sensoriais (integração multisensorial) está prejudicada. [s122] Isso pode causar dificuldades no processamento de estímulos complexos que envolvem múltiplos sentidos. A percepção também está intimamente ligada a processos de atenção. Deficiências na orientação e seleção da atenção influenciam o processamento sensorial. [s122] Por exemplo, uma pessoa com autismo pode ter dificuldades em se concentrar em uma conversa em um ambiente barulhento, pois os ruídos de fundo são percebidos como igualmente intensos ou até mais intensos do que a voz do interlocutor. Essa percepção alterada pode também estar relacionada à interação social e comunicação. Por exemplo, uma hipossensibilidade tátil correlaciona-se com habilidades sociais mais fracas. [s123] Problemas de processamento sensorial são um sintoma central do autismo e incluem hipersensibilidade, hipossensibilidade e a busca por estímulos sensoriais. [s124] A integração multisensorial é prejudicada no autismo, levando a problemas na combinação de informações de diferentes modalidades sensoriais. [s124] Treinamentos sensoriais e multisensoriais podem ajudar a melhorar essas habilidades. [s124] A Teoria do Mundo Intenso descreve o cérebro autista como hipofuncional em microcircuitos neuronais locais, resultando em hiper-reatividade e hiper-plasticidade. [s125] Isso pode provocar uma percepção excessiva, atenção aumentada, memória detalhada e reações emocionais intensas. Crianças autistas mostram uma diminuição da habituação em relação a estímulos sensoriais. [s125] A hiper-reatividade neuronal pode levar a dificuldades na integração de novas informações e fragmentar a percepção. [s125] As particularidades sensoriais não são, por si só, negativas. O modelo de Sensibilidade ao Processamento Sensorial (SPS) descreve uma sensibilidade aumentada como uma característica de personalidade estável, que está associada a maior empatia, consciência, reatividade e processamento mais profundo da informação. [s126] SPS difere de outros transtornos mentais, pois ativa diferentes regiões do cérebro em resposta a estímulos sociais e emocionais, que estão relacionadas ao processamento de recompensas, memória, processamento de self-outro, empatia e consciência. [s126] Pessoas com SPS percebem estímulos sociais/emocionais como recompensadores e reagem fisiologicamente/hormonalmente de forma adaptativa. [s126] SPS é caracterizada por uma integração mais profunda da informação e processamento complexo da memória. [s126]

Bom saber

Integração Multisensorial

A integração multisensorial é a capacidade do cérebro de combinar informações de diferentes canais sensoriais (por exemplo, visão, audição, tato) e integrá-las em uma experiência perceptiva unificada. Dificuldades nessa área podem prejudicar a interpretação de ambientes complexos.

Sensibilidade ao Processamento Sensorial (SPS)

A Sensibilidade ao Processamento Sensorial (SPS) descreve uma sensibilidade aumentada a estímulos sensoriais e nuances emocionais. Pessoas com SPS processam informações de forma mais profunda e reagem mais intensamente a estímulos sutis.

Percepção Tátil

A percepção tátil descreve o processamento de estímulos táteis no cérebro. Uma percepção tátil alterada pode levar a hipersensibilidade ou hipossensibilidade a toques.

Percepção Sensorial no Autismo

Sensibilidade e intensidade do processamento de entrada sensorial em indivíduos autistas.

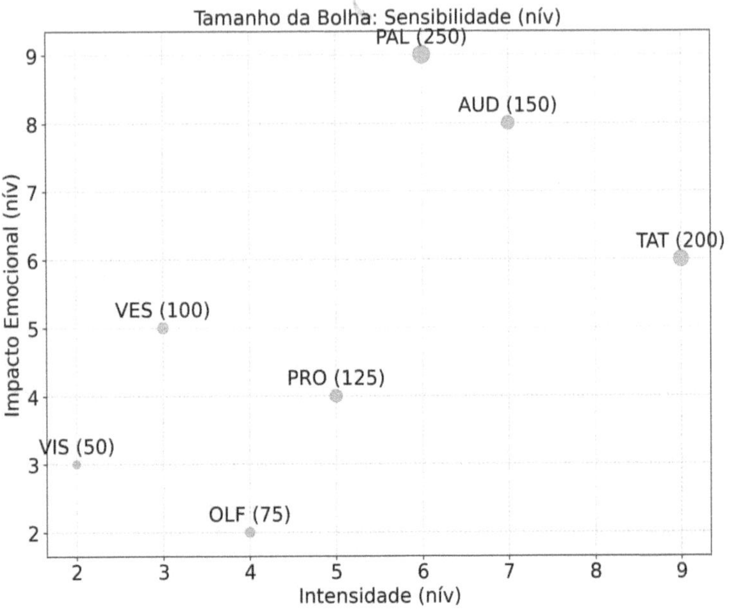

Blasengröße: Sensibilidade (nív)

AUD: Entrada Auditiva

PAL: Entrada Gustativa

TAT: Entrada Tátil

VIS: Entrada Visual

OLF: Entrada Olfativa

PRO: Entrada Proprioceptiva

VES: Entrada Vestibular

Este gráfico visualiza potenciais diferenças no processamento sensorial. Bolhas maiores indicam maior sensibilidade, enquanto a posição nos eixos representa a intensidade da experiência e seu impacto emocional. Por exemplo, uma bolha grande na área de alta intensidade/alto impacto pode representar uma experiência avassaladora, enquanto uma bolha menor na área de baixa intensidade/baixo impacto pode sugerir uma sensação menos perceptível ou incômoda. As posições e tamanhos variados destacam os diversos perfis sensoriais dentro da comunidade autista.

Padrões de Processamento

Padrões de processamento no cérebro autista são caracterizados por peculiaridades específicas que se manifestam na resposta neuronal a informações sensoriais. Investigações da variabilidade inter-trial, ou seja, a consistência das reações neuronais a estímulos repetidos, fornecem insights sobre esses processos. Ao contrário de suposições anteriores, estudos mais recentes sugerem que o ruído neuronal, ou seja, a atividade de fundo no cérebro, não é necessariamente aumentado em crianças autistas [s127]. Em vez disso, parece que a consistência da resposta neuronal, medida pela Coerência de Fase Inter-Trial (ITPC), correlaciona-se com o grau de desconforto sensorial. Um ITPC mais baixo, ou seja, uma resposta neuronal menos consistente ao mesmo estímulo, está associado a um maior desconforto em estímulos auditivos, especialmente em volumes mais baixos, como 50 dB [s127]. Essa descoberta sugere que não é a magnitude do ruído neuronal, mas a capacidade do cérebro de gerar reações consistentes a informações sensoriais que é relevante para a percepção sensorial. Para, por exemplo, apoiar o processamento auditivo, estratégias que visam fortalecer a consistência neuronal podem ser úteis, em vez de reduzir o ruído neuronal. Ao mesmo tempo, a plasticidade neuronal, ou seja, a capacidade do cérebro de se modificar através de experiências, é particularmente pronunciada na infância [s128]. Intervenções precoces podem aproveitar essa plasticidade para influenciar positivamente o processamento de informações sensoriais e os comportamentos associados. É importante não apenas considerar o processamento sensorial isoladamente, mas também a multisensorische_integration, ou seja, a capacidade do cérebro de combinar informações de diferentes canais sensoriais [s129]. Uma integração multisensorial prejudicada pode dificultar a percepção de ambientes complexos, onde diferentes estímulos sensoriais ocorrem simultaneamente. Portanto, abordagens terapêuticas devem visar

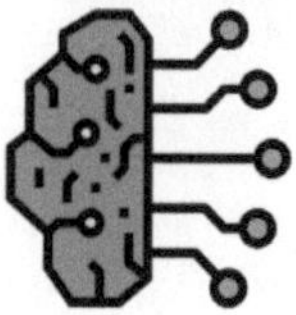

promover a comunicação entre diferentes regiões do cérebro e, assim, melhorar a integração de informações multisensoriais.

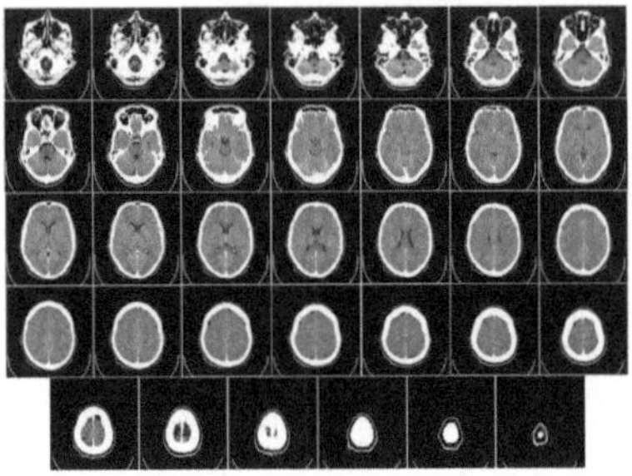

cérebro [i39]

Bom saber

Coerência de Fase Inter-Trial (ITPC)

Uma medida da consistência temporal das respostas neuronais a estímulos repetidos. Um valor alto de ITPC indica alta precisão temporal da atividade neuronal.

Variabilidade Inter-Trial

Refere-se às diferenças nas reações das células nervosas ao mesmo estímulo, que é apresentado várias vezes. Ela fornece informações sobre a confiabilidade do processamento neuronal.

Comparação da Velocidade de Processamento

Comparação das velocidades de processamento para vários estímulos em cérebros neurotípicos e autistas.

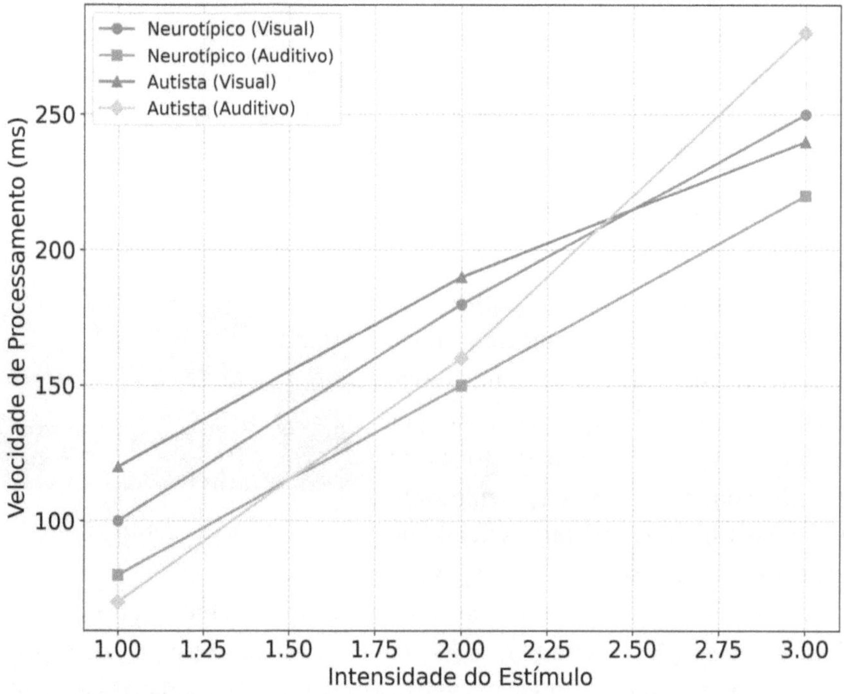

Este gráfico ilustra as diferenças potenciais nas velocidades de processamento sensorial entre indivíduos neurotípicos e autistas. A inclinação mais acentuada para estímulos auditivos em indivíduos autistas sugere uma potencial sensibilidade aumentada ou processamento mais rápido nesta área. Por outro lado, a inclinação mais plana para estímulos visuais pode indicar um processamento comparativamente mais lento ou diferente de informações visuais. Essas diferenças destacam as diversas maneiras pelas quais os cérebros autistas percebem e reagem ao seu ambiente e ressaltam a importância do apoio individualizado.

Possibilidades de Apoio

As possibilidades de apoio no autismo consideram as particularidades sensoriais individuais e visam melhorar a qualidade de vida. A partir da Teoria do Mundo Intenso, que postula uma hiperexcitabilidade das redes neuronais no cérebro autista [s130], diversas estratégias podem ser derivadas. Em vez de atenuar a atividade neuronal medicamente, como sugerido em [s130], a configuração do ambiente pode contribuir de maneira significativa. Uma redução na carga sensorial, por exemplo, através do uso de fones de ouvido com proteção contra ruído em ambientes barulhentos ou a criação de espaços de refúgio com luz suave e texturas calmantes, pode ajudar a minimizar a sobrecarga sensorial. Essas adaptações permitem influenciar positivamente a percepção intensa, que resulta da mencionada hiperreatividade e hiperplasticidade na amígdala e no neocórtex [s130]. Além disso, medidas de apoio direcionadas podem auxiliar no processamento sensorial. - Dietas sensoriais, que incluem atividades personalizadas para estimular ou regular os sentidos, podem ajudar a melhorar a sensorische_integration. - Técnicas de relaxamento, como yoga ou relaxamento muscular progressivo, podem ajudar na regulação das reações emocionais. - O desenvolvimento de competências sociais também pode contribuir para facilitar a interação com outras pessoas, reduzindo assim a ansiedade social. Uma rotina diária estruturada e regras de comunicação claras

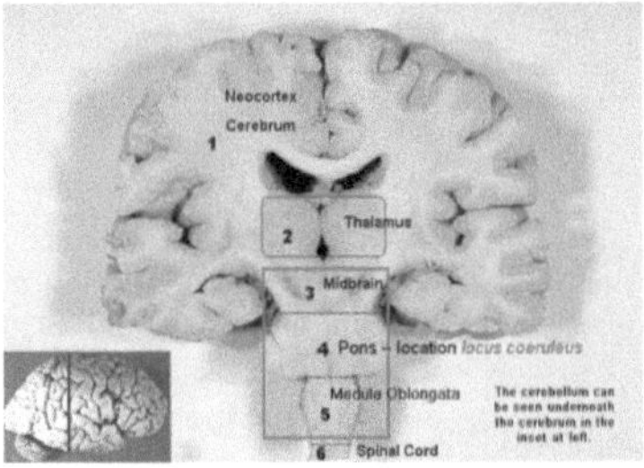

neocórtex [i40]

Yoga [i41]

criam previsibilidade e reduzem incertezas, o que também corresponde à Teoria do Mundo Intenso [s130]. O foco não está na prevenção de uma "reação ao mundo intenso", mas na promoção de estratégias para lidar com as particularidades perceptivas individuais. Assim, o desenvolvimento de mecanismos de enfrentamento individuais para lidar com estímulos sensoriais e emocionais pode promover a autorregulação e o bem-estar. As possibilidades de apoio devem sempre ser orientadas às necessidades e forças individuais. Comparável a um terno sob medida, que se ajusta perfeitamente e oferece conforto, as medidas de apoio também devem ser adaptadas individualmente para que possam exercer sua eficácia.

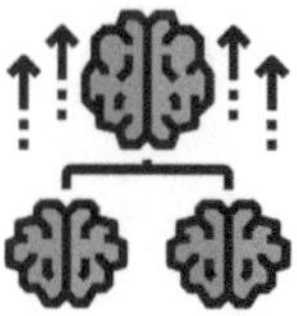

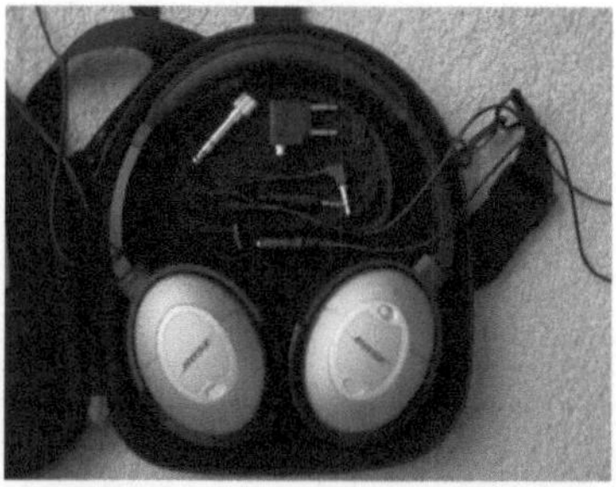

Fones de ouvido com cancelamento de ruído [i42]

Bom saber

Teoria do Mundo Intenso

Esta teoria afirma que o cérebro de pessoas com autismo processa informações sensoriais de maneira diferente, resultando em uma percepção mais intensa do mundo. Isso pode ter tanto efeitos positivos quanto negativos, como uma sensibilidade aumentada a detalhes ou sobrecarga devido a ruídos altos.

Estratégias de Apoio para Cérebros Autistas

Distribuição de estratégias eficazes de apoio para indivíduos autistas.

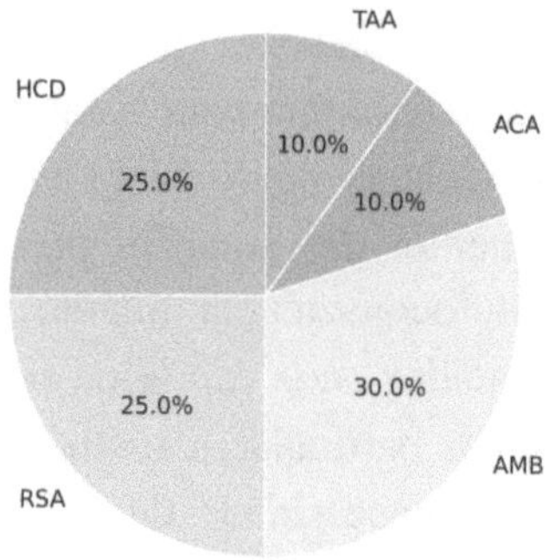

ACA: Acomodações Ambientais (por exemplo, espaços silenciosos, rotinas previsíveis)

AMB: Adaptações Ambientais (por exemplo, espaços silenciosos, rotinas previsíveis)

HCD: Habilidades de Desenvolvimento e Intervenções Terapêuticas (por exemplo, treinamento de habilidades sociais, TCC)

RSA: Regulação Sensorial e Apoio (por exemplo, ferramentas sensoriais, dietas sensoriais)

TAA: Tecnologias Assistivas e Auxiliares (por exemplo, auxiliares de comunicação, suportes visuais)

Os dados destacam a importância de uma abordagem multifacetada para apoiar indivíduos autistas. Embora as adaptações ambientais desempenhem um papel significativo, elas são mais eficazes quando combinadas com outras estratégias. O desenvolvimento direto de habilidades e as intervenções terapêuticas são cruciais para a construção de mecanismos de enfrentamento e o desenvolvimento da independência. O apoio à regulação sensorial é vital, refletindo as sensibilidades sensoriais vivenciadas por muitos indivíduos autistas. A proporção relativamente menor dedicada às tecnologias assistivas sugere uma área potencial para crescimento e exploração, particularmente dados os rápidos avanços neste campo. No geral, uma abordagem holística que atenda às necessidades individuais em múltiplos domínios é essencial para maximizar o bem-estar e promover a inclusão.

Revisão - 4. Mente e Emoções

O capítulo "Mente e Emoções" ilumina as complexas interações entre processos neuronais, experiências emocionais e competências sociais. Revela-se que a autoconsciência, a regulação emocional e a competência social estão intimamente entrelaçadas e podem ser influenciadas pela plasticidade neuronal. Destaca-se especialmente a importância do treinamento de atenção plena, que pode impactar positivamente tanto a autoconsciência quanto a regulação emocional. As descobertas apresentadas no capítulo sobre a base neural da inteligência emocional, em particular a distinção entre IE estratégica e experimental, sublinham a necessidade de considerar e promover essas habilidades de forma diferenciada. Os efeitos da solidão sobre a estrutura cerebral, descritos no capítulo, também evidenciam a relevância das interações sociais para o bem-estar emocional e abrem novas perspectivas para medidas preventivas e terapêuticas.

A implementação prática das descobertas apresentadas no capítulo requer uma abordagem diferenciada que considere tanto as necessidades individuais quanto as potenciais barreiras à implementação. Assim, a promoção da autoconsciência por meio do treinamento de atenção plena pode gerar efeitos positivos, mas a integração dessas práticas no cotidiano exige tempo e comprometimento. O mesmo se aplica à melhoria da regulação emocional: estratégias como a aproximação e o enfrentamento das emoções podem, a longo prazo, contribuir para um bem-estar emocional aprimorado, mas inicialmente requerem disposição para lidar com sentimentos desagradáveis. As bases neuronais da regulação emocional abordadas no capítulo oferecem valiosos pontos de partida para o desenvolvimento de intervenções direcionadas. No campo da competência social, é importante destacar a relevância das experiências na primeira infância e das influências familiares. Promover um ambiente familiar de apoio e valorização, onde as emoções são expressas e reguladas abertamente, pode impactar positivamente e de forma duradoura o desenvolvimento das competências sociais nas crianças.

As inter-relações apresentadas no capítulo entre processos neuronais, emoções e comportamento também levantam questões críticas. A interpretação de descobertas neurobiológicas no contexto de fenômenos psicológicos complexos, como solidão ou inteligência emocional, está associada a desafios metodológicos. A correlação entre atividade cerebral e estados emocionais não implica necessariamente causalidade, e a transferibilidade de descobertas de laboratório para situações sociais reais nem sempre é garantida. Além disso, surge a questão da responsabilidade ética no manejo das descobertas neurocientíficas. A possibilidade de influenciar processos neuronais por meio de intervenções direcionadas traz tanto oportunidades quanto riscos, que devem ser cuidadosamente ponderados.

Em conclusão, pode-se afirmar que o capítulo "Mente e Emoções" oferece uma visão abrangente sobre as bases neurobiológicas dos processos emocionais e sociais. As descobertas apresentadas sublinham a importância da interação entre cérebro, emoções e comportamento, e abrem novas perspectivas para a promoção da inteligência emocional, competência social e bem-estar psicológico. Pesquisas futuras devem se concentrar mais na investigação das complexas interações entre fatores genéticos, plasticidade neuronal e influências ambientais, a fim de responder às questões levantadas no capítulo e avançar no desenvolvimento de intervenções eficazes. Um enfoque interdisciplinar é essencial, integrando perspectivas neurocientíficas, psicológicas e sociológicas.

5. Otimização Cerebral

Podemos treinar nosso cérebro como um músculo e melhorar seu desempenho de forma sistemática? A neurociência moderna mostra que nosso órgão pensante possui uma notável capacidade de adaptação e se transforma continuamente. Desde a clássica arte da memorização até métodos de treinamento digitais, as pessoas sempre buscaram maneiras de aumentar suas habilidades cognitivas. Novas descobertas da pesquisa cerebral abrem perspectivas fascinantes para estratégias de otimização direcionadas. As próximas páginas revelam como podemos explorar melhor o potencial de nosso cérebro - com insights surpreendentes sobre os limites e as possibilidades do desenvolvimento mental.

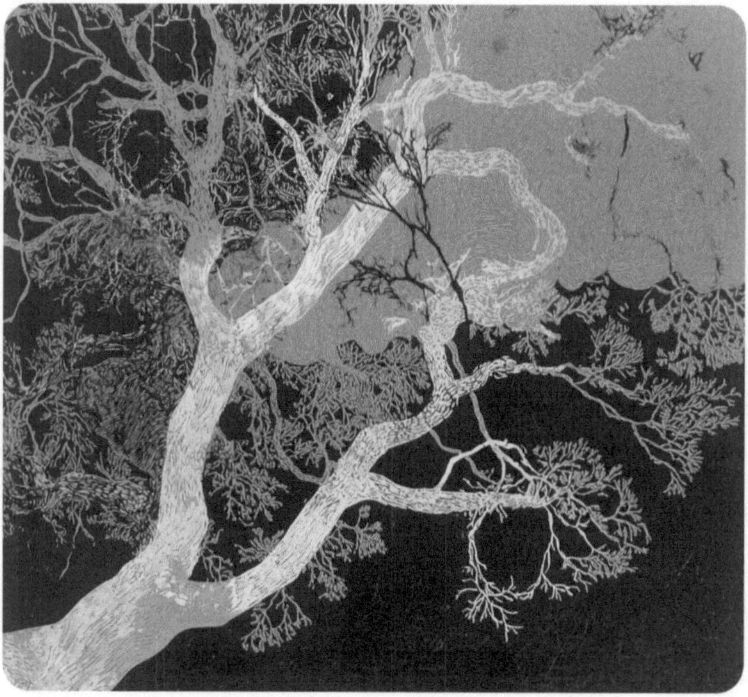

5. 1 Aprendizagem Otimizada para o Cérebro

O aprendizado otimizado para o cérebro desbloqueia o potencial do nosso cérebro para um processamento de informações mais eficaz. Desde a estratégia de aprendizado correta até técnicas de memorização e aumento da concentração – esta seção ilumina os desafios e oportunidades que surgem das descobertas das neurociências para o processo de aprendizado. Fatores como contexto, conexão, emoções e plasticidade neuronal desempenham um papel crucial. Descubra como maximizar seu potencial de aprendizado e construir conhecimento de forma sustentável.

O aprendizado otimizado para o cérebro baseia-se na interconexão de informações e na utilização da neuroplasticidade por meio de métodos de aprendizagem ativos, emoções positivas e um ambiente de aprendizagem enriquecido que considera tanto as necessidades físicas quanto as mentais.

Estratégias de Aprendizagem

As estratégias de aprendizagem visam otimizar o funcionamento do cérebro para melhorar a captação e o processamento de informações. A interconexão de informações, em vez do aprendizado isolado de fatos individuais, é crucial para a construção de estruturas de conhecimento estáveis [s131]. O contexto em que se aprende influencia significativamente o desempenho de aprendizagem. A criação independente de conteúdos, comparável à montagem ativa de um quebra-cabeça, solidifica a compreensão e a retenção de informações de forma muito mais eficaz do que o consumo passivo de informações [s131]. Em vez de focar na dificuldade do material de aprendizagem, a complexidade deve estar em primeiro plano para alcançar uma compreensão mais profunda [s131]. Fases em que o progresso de aprendizagem estagna ou até retrocede são componentes normais do processo de aprendizagem e não são motivo de preocupação [s131]. A atividade física aumenta o desempenho cognitivo e a plasticidade neuronal, a capacidade do cérebro de se adaptar e formar novas conexões [s131]. Emoções positivas e experiências de aprendizagem significativas promovem a formação de memórias, pois estimulam a liberação de neurotransmissores como serotonina, o que, por sua vez, aumenta a synaptische_plastizitaet [s132]. Repetições em intervalos de tempo (efeito de espaçamento) solidificam o que foi aprendido a longo prazo na memória [s131]. Uma dieta equilibrada também desempenha um papel importante na capacidade cognitiva. omegafettsaeuren apoiam processos cognitivos e promovem a plasticidade sináptica, enquanto um alto consumo de ácidos graxos saturados pode prejudicá-la [s133]. A combinação de uma dieta rica em antioxidantes com exercícios regulares pode melhorar a função cognitiva [s133]. A redução de calorias pode promover a plasticidade sináptica e proteger a função cognitiva na velhice [s133]. A escolha do método de aprendizagem correto também é crucial. Métodos de aprendizagem ativos despertam interesse e motivação, o que promove a liberação de neurotransmissores e aumenta a plasticidade sináptica [s134]. Exercícios regulares e ativadores solidificam o que foi aprendido por meio da recuperação e aplicação ativa [s134]. Mapas conceituais visualizam conexões e facilitam a recuperação de informações [s134]. A aprendizagem orientada a problemas promove motivação, atenção e a formação de novas conexões sinápticas [s134]. A consideração da diversidade cultural no processo de aprendizagem pode fortalecer o sentimento de pertencimento e reduzir o estresse, o que impacta positivamente a capacidade de aprendizagem [s134]. A integração de aspectos sociais e a ênfase na relevância do conteúdo de aprendizagem aumentam a motivação e o engajamento dos alunos [s135]. Um ambiente de aprendizagem enriquecido, que inclui sono adequado, uma dieta equilibrada, estímulos cognitivos e segurança emocional, apoia a neuroplastizitaet, a capacidade do cérebro de se adaptar e mudar [s135]. A compreensão da neuroplasticidade fortalece a responsabilidade pelo próprio processo de aprendizagem [s135]. Uma "mentalidade de crescimento", a crença de que a inteligência e a capacidade de aprendizagem podem ser desenvolvidas, aumenta o desempenho acadêmico e a motivação [s135].

Bom saber

Aprendizagem Orientada a Problemas

A aprendizagem orientada a problemas é um método de aprendizagem em que os alunos trabalham ativamente na solução de problemas realistas. Essa abordagem promove a motivação, o pensamento crítico e a aplicação do que foi aprendido.

Efeito de Espaçamento

O efeito de espaçamento descreve o fenômeno de que as informações são melhor armazenadas na memória de longo prazo quando as repetições ocorrem em intervalos de tempo, em vez de imediatamente uma após a outra.

Mentalidade de Crescimento

A mentalidade de crescimento refere-se à crença de que habilidades e inteligência podem ser desenvolvidas por meio de esforço e aprendizagem. Essa mentalidade promove a motivação, a disposição para aprender e o desempenho.

Antioxidantes

Os antioxidantes são substâncias que protegem as células contra danos causados por radicais livres. No cérebro, eles podem ajudar a manter a função cognitiva e combater processos de degradação relacionados à idade.

Efetividade das Estratégias de Aprendizagem

Efetividade de diferentes métodos de aprendizagem

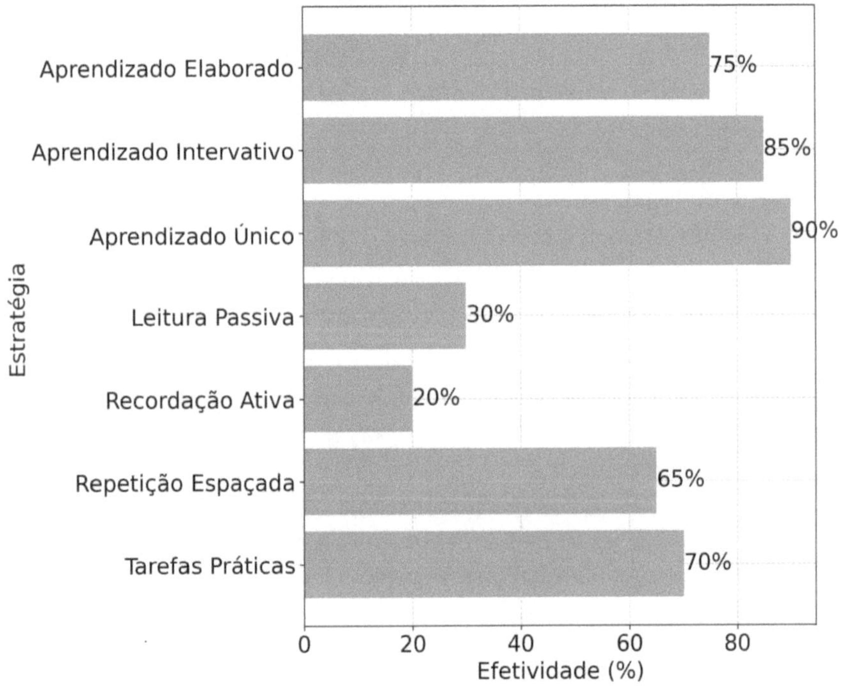

AEL: Aprendizado Elaborado
AIN: Aprendizado Intervativo
AUN: Aprendizado Único
LPA: Leitura Passiva
RAE: Recordação Ativa
REP: Repetição Espaçada
TPR: Tarefas Práticas

O gráfico de barras horizontais visualiza a efetividade relativa de diferentes estratégias de aprendizagem. A recordação ativa e o aprendizado espaçado demonstram a maior eficácia, enquanto a leitura passiva e o aprendizado único são significativamente menos eficazes. Isso destaca a importância dos processos de aprendizagem ativos e repetidos para uma absorção ideal do conhecimento.

Técnicas de Memorização

As técnicas de memorização utilizam os mecanismos naturais do cérebro para armazenar e recuperar informações de forma eficaz. Um aspecto importante é a conexão de novos conhecimentos com estruturas de conhecimento já existentes. Em vez de aprender informações de forma isolada, elas devem ser inseridas em um contexto e ligadas a experiências prévias. Isso resulta em conexões neuronais mais fortes, facilitando a recuperação. Semelhante ao aprendizado de uma língua, onde as palavras não são memorizadas isoladamente, mas em frases e histórias, também é mais fácil lembrar de assuntos complexos quando associados a conceitos conhecidos [s136]. A consolidação, ou seja, a solidificação de conteúdos de memória, é fortemente influenciada pelo sono. Durante o sono, o cérebro processa as informações recebidas e as transfere da memória de curto prazo para a memória de longo prazo. Diferentes fases do sono desempenham papéis distintos para diferentes tipos de memória. Por exemplo, o sono profundo é importante para a consolidação de conteúdos de memória declarativa, ou seja, fatos e eventos, enquanto o sono REM é mais relevante para a solidificação de conteúdos de memória procedural, como habilidades motoras [s136]. A chamada reconsolidação também é um processo significativo: ao recuperar uma memória, ela se torna temporariamente instável e pode ser alterada ou complementada por novas informações. Essa dinâmica da memória nos permite atualizar constantemente nosso conhecimento e adaptá-lo a novas circunstâncias [s136]. A interação entre o hipocampo e o neocórtex é crucial para o armazenamento de informações a longo prazo. O hipocampo atua como uma espécie de armazenamento temporário, enquanto o neocórtex é responsável pelo armazenamento permanente. Através da recuperação e aplicação repetida do que foi aprendido, a informação é transferida do hipocampo para o neocórtex e integrada a redes de conhecimento existentes [s136]. O treinamento de atenção plena pode

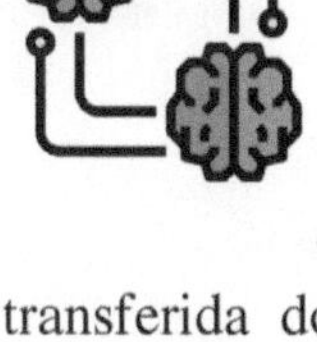

aumentar a densidade da substância cinzenta em regiões do cérebro associadas a processos de aprendizado e memória, incluindo o hipocampo [s137]. A meditação regular ou exercícios baseados em atenção plena podem, portanto, influenciar positivamente o desempenho da memória [s137]. Através do foco consciente no momento presente e da redução de pensamentos distrativos, a atenção é fortalecida e o processamento de informações é otimizado [s137].

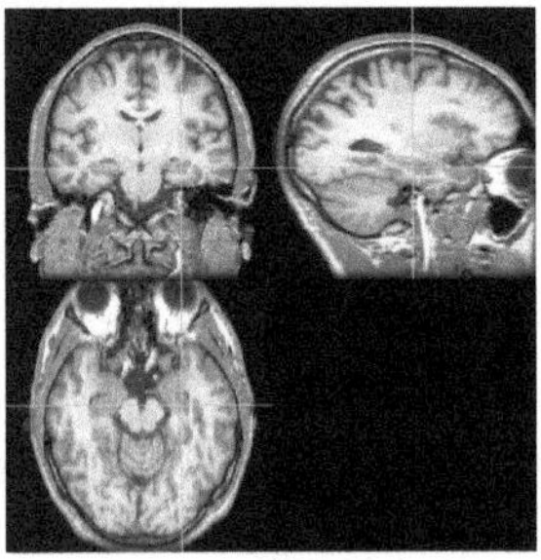

Hipocampo [i43]

Bom saber

Consolidação

A solidificação de conteúdos de memória, especialmente durante o sono, através da qual o que foi aprendido é transferido da memória de curto prazo para a memória de longo prazo. A recuperação e a prática repetidas fortalecem essas conexões.

Memória Declarativa

Armazena fatos e eventos que podem ser recuperados conscientemente, como datas históricas ou experiências pessoais. Beneficia-se especialmente do sono profundo.

Memória Procedural

Armazena habilidades motoras e processos, como andar de bicicleta ou nadar. Os conteúdos são recuperados inconscientemente e solidificados pelo sono REM.

Treinamento de Atenção Plena

Exercícios mentais que promovem a percepção consciente do momento presente, sem julgamento. Pode influenciar positivamente a estrutura e a função do cérebro, especialmente do hipocampo, e assim apoiar o aprendizado.

Distribuição da Técnica de Memorização

Distribuição de técnicas eficazes de memorização.

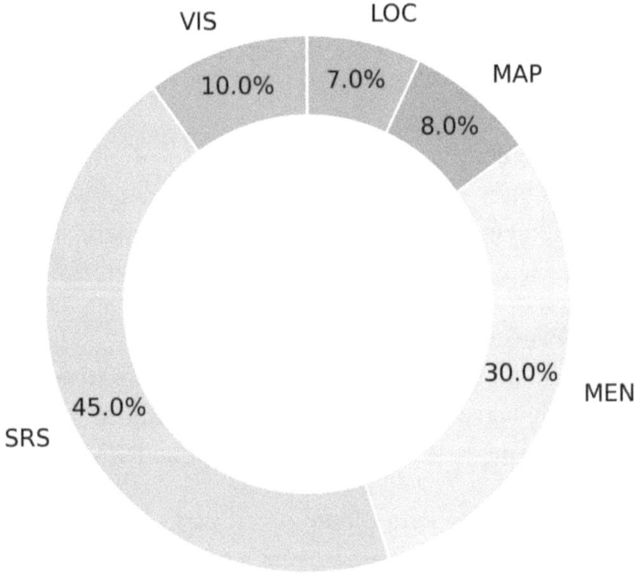

LOC: Método de Loci

MAP: Mapeamento Mental

MEN: Mnemônica

SRS: Sistemas de Repetição Espaçada

VIS: Visualização

O gráfico destaca o domínio dos Sistemas de Repetição Espaçada (SRS) como técnica de memorização, sugerindo sua eficácia e ampla adoção. Embora a Mnemônica detenha uma porção significativa, seu uso é menos prevalente que o SRS. Os segmentos menores demonstram o potencial de outras técnicas como Visualização, Mapeamento Mental e Método de Loci, embora sejam menos frequentemente empregadas. Esta distribuição sugere um foco na aprendizagem estruturada e repetitiva, complementada por técnicas que alavancam a memória visual e associativa.

Aumento da Concentração

A concentração, a capacidade de direcionar e manter nossa atenção em uma tarefa ou pensamento específico, é essencial para a aprendizagem eficaz. Além de métodos estabelecidos como o spacingeffekt, onde os conteúdos de aprendizagem são revisados em intervalos de tempo, a fim de promover a consolidação da memória, existem outros fatores que influenciam nossa capacidade de concentração. Como a pesquisa mostra, sinais hormonais do sistema digestivo também afetam diretamente os processos de aprendizagem e memória. Por exemplo, substâncias mensageiras como a leptina e a grelina, que regulam a sensação de fome e saciedade, também influenciam a atividade neuronal em regiões do cérebro responsáveis pela aprendizagem e memória. Uma dieta equilibrada pode, portanto, não apenas impactar positivamente a saúde física, mas também a capacidade mental. Outro aspecto importante é a configuração do ambiente de aprendizagem. Em vez de se concentrar exclusivamente na dificuldade do material de aprendizagem, o foco deve ser na sua complexidade e na conexão com o conhecimento já existente. Semelhante ao aprendizado de uma língua, onde o vocabulário não é aprendido isoladamente, mas em frases e textos, a inserção de novas informações em um contexto significativo promove a compreensão e a retenção. A configuração consciente do processo de aprendizagem, levando em consideração as necessidades individuais e a integração do conhecimento já conhecido, contribui significativamente para o aumento da concentração. Estratégias comportamentais como sono adequado e atividade física regular comprovadamente melhoram a capacidade cognitiva. Por exemplo, quem pratica esportes regularmente não apenas promove sua saúde física, mas também a circulação sanguínea no cérebro e, assim, o fornecimento de oxigênio e nutrientes às células nervosas. Isso, por sua vez, impacta positivamente a capacidade de concentração e a performance cognitiva. Além disso, medidas direcionadas para promover a neuroplasticidade, a capacidade do cérebro de se adaptar e formar novas conexões, podem melhorar o desempenho de aprendizagem. A Zona de Desenvolvimento Proximal (ZDP), um conceito da pedagogia, descreve a área de aprendizagem ideal entre o que um aprendiz já pode fazer de forma independente e o que ele pode alcançar com apoio. Ao confrontar os aprendizes com tarefas que são desafiadoras, mas não excessivamente difíceis, a neuroplasticidade é promovida de forma ideal e a capacidade de concentração é fortalecida.

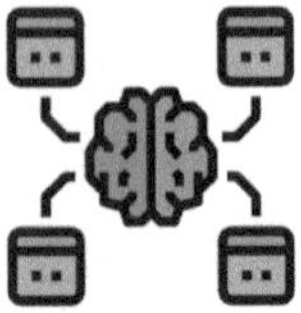

Bom saber

Consolidação da Memória

A consolidação da memória refere-se ao processo pelo qual informações recém-aprendidas são transferidas da memória de curto prazo para a memória de longo prazo e solidificadas lá. Este processo ocorre durante o sono e através da ativação repetida dos conteúdos da memória, sendo crucial para a aprendizagem duradoura.

Zona de Desenvolvimento Proximal

A Zona de Desenvolvimento Proximal (ZDP) descreve a área entre o que um aprendiz pode fazer sem ajuda e o que ele pode alcançar com apoio. Nesta zona, ocorre a aprendizagem ideal, pois as tarefas são desafiadoras, mas não excessivamente difíceis. A ZDP é dinâmica e se desloca com o progresso da aprendizagem.

Impacto das Técnicas de Foco no Desempenho Cognitivo

Eficácia relativa de vários métodos de concentração

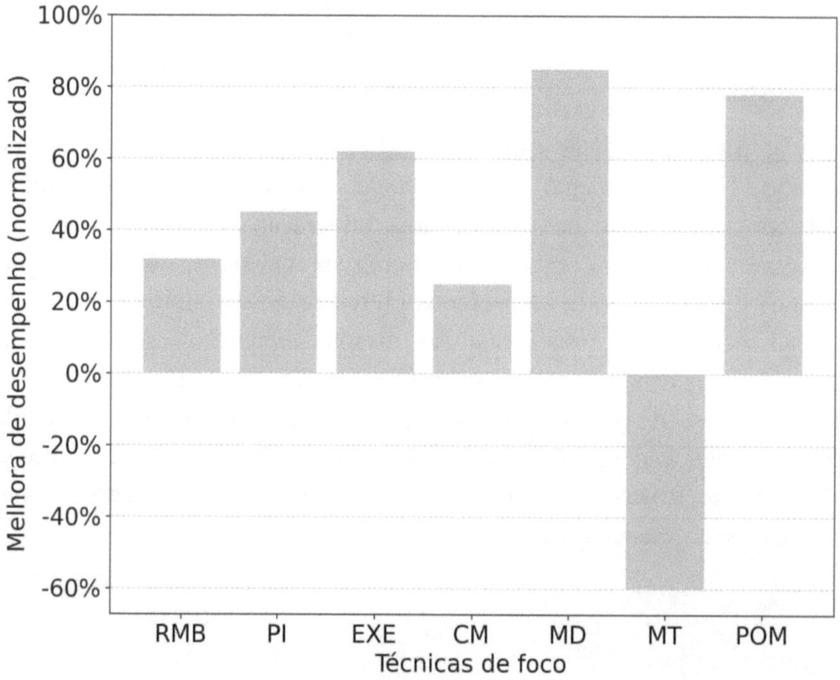

CM: Chiclete

MD: Mindfulness

PI: Pequenas pausas

RMB: Ruído ambiente

EXE: Exercício

MT: Multitarefa

POM: Pomodoro

Estes dados sugerem que a atenção plena e a Técnica Pomodoro são altamente eficazes para melhorar a concentração. Embora o ruído ambiente e a goma de mascar mostrem algum impacto positivo, sua eficácia é menos pronunciada. Curiosamente, a multitarefa prejudica significativamente a concentração, reforçando a importância do esforço focado. Essas descobertas destacam os benefícios potenciais da incorporação de técnicas específicas nas rotinas de aprendizagem e trabalho para maximizar o desempenho cognitivo.

5. 2 Treinamento Cerebral

O treinamento cerebral visa a melhoria das habilidades cognitivas, desde a memória e capacidade de raciocínio até a velocidade de processamento. Estudos mostram efeitos positivos, especialmente em adultos mais velhos, mas a transferibilidade para áreas não treinadas continua a ser um desafio. Um treinamento cerebral eficaz requer níveis de dificuldade ajustados, motivação contínua e uma integração significativa na vida cotidiana. Além dos exercícios cognitivos clássicos, as tecnologias digitais e jogos de vídeo específicos oferecem novas oportunidades para treinar habilidades específicas. Ao mesmo tempo, o uso de mídias digitais também apresenta riscos para a função cerebral que devem ser considerados. A combinação de exercícios cognitivos com atividade física e interação social pode promover ainda mais a saúde cerebral. Descubra as diversas facetas do treinamento cerebral e aprenda como otimizar seu potencial mental.

O treinamento cerebral é mais eficaz quando a dificuldade das tarefas é continuamente ajustada ao progresso individual, a fim de manter a motivação e evitar a sobrecarga.

Exercícios Cognitivos

Exercícios cognitivos envolvem de forma direcionada diferentes áreas do cérebro e podem, assim, manter ou melhorar a capacidade mental [s138]. Estudos demonstram efeitos positivos do treinamento cognitivo na memória, raciocínio e velocidade de processamento, especialmente em adultos mais velhos [s138]. É importante entender que os efeitos muitas vezes estão limitados às habilidades treinadas [s139]. Assim, praticar buscas online fortalece circuitos neuronais relacionados à estratégia de busca [s140], mas não necessariamente melhora a capacidade de visualização espacial. Para promover a transferência para tarefas semelhantes, os regimes de treinamento devem aumentar gradualmente a dificuldade, manter a motivação e oferecer feedback eficaz [s139]. Comparável ao aprendizado de um instrumento musical, onde inicialmente melodias simples são praticadas antes de peças mais complexas, um aumento gradual na dificuldade aumenta a eficácia dos exercícios cognitivos. A combinação de exercícios cognitivos com atividade física pode promover ainda mais a saúde do cérebro [s141]. O Modelo de Capacidade Adaptativa (ACM) descreve a interação entre esses dois fatores: o treinamento aeróbico estimula processos neurogênicos no hipocampo, uma área do cérebro central para aprendizado e memória [s141]. Quando tarefas cognitivas são realizadas logo após a atividade física, isso intensifica os efeitos positivos sobre a neuronale_plastizitaet [s141]. Pode-se comparar isso ao regar uma planta (atividade física), que é adicionalmente apoiada por fertilizante (tarefas cognitivas) em seu crescimento. O ACM, portanto, fornece uma base para o desenvolvimento de programas de treinamento que abordam áreas cognitivas específicas durante o treinamento. Programas de computador especiais e videogames também podem servir como exercícios cognitivos e melhorar habilidades específicas [s140]. O chamado treinamento N-Back, onde os jogadores devem lembrar sequências de estímulos que se tornam cada vez mais longas, pode aumentar a arbeitsgedaechtnis e a inteligência fluida [s140]. Videogames de ação, por sua vez, treinam a atenção visual, o tempo de reação e a capacidade de alternar entre tarefas [s140]. Além

disso, intervenções online na área da saúde mental oferecem oportunidades para autogerenciamento e suporte, o que pode aumentar o bem-estar geral [s140]. A meditação mindfulness, outra forma de exercício cognitivo, pode provocar mudanças estruturais no cérebro associadas ao aprendizado, memória e regulação emocional [s142]. Estudos mostram um aumento na densidade da substância cinzenta em regiões cerebrais relevantes após a participação em programas de mindfulness [s142]. Isso ilustra o potencial dos exercícios cognitivos não apenas para influenciar positivamente a capacidade mental, mas também o bem-estar psicológico. Embora a pesquisa sobre exercícios cognitivos seja promissora, mais estudos são necessários para entender completamente os efeitos a longo prazo e a transferibilidade para habilidades cotidianas [s138] [s139].

Bom saber

Inteligência Fluida

A capacidade de se adaptar a novas situações e resolver problemas complexos, sem recorrer ao conhecimento previamente adquirido. Ao contrário da inteligência cristalizada, é menos dependente de experiências de aprendizado e tende a diminuir com a idade. Treinamentos direcionados podem ajudar a manter ou até melhorar a inteligência fluida.

Meditação Mindfulness

Uma forma de meditação que visa direcionar a atenção para o momento presente, sem julgamento. Envolve a percepção consciente de pensamentos, sentimentos e sensações corporais. A meditação mindfulness pode melhorar a capacidade de autorregulação das emoções, reduzir o estresse e aumentar a concentração. Estudos em neurociência mostram que a meditação mindfulness pode provocar mudanças estruturais no cérebro, associadas a uma melhor atenção, regulação emocional e autoconsciência.

Treinamento N-Back

Um método de treinamento cognitivo em que os participantes devem lembrar sequências de estímulos e compará-las com estímulos apresentados com um atraso temporal. O 'N' representa o número de passos anteriores que devem ser considerados. Este exercício exige memória de trabalho, flexibilidade cognitiva e atenção. Estudos sugerem que o treinamento N-Back pode melhorar a inteligência fluida.

Treinamento Mental

O treinamento mental abrange uma variedade de métodos para aumentar a capacidade cognitiva. Programas de treinamento baseados em laboratório e intervenções ecológicas oferecem abordagens diferentes [s143]. As intervenções ecológicas integram o treinamento em situações cotidianas, enquanto os procedimentos baseados em laboratório treinam habilidades específicas em condições controladas. A escolha da abordagem adequada depende dos objetivos e necessidades individuais. Por exemplo, um músico que deseja melhorar sua destreza pode se beneficiar de exercícios específicos baseados em laboratório, enquanto alguém que quer fortalecer sua memória no dia a dia pode se beneficiar de intervenções ecológicas, como memorizar listas de compras. A adaptação do treinamento ao público-alvo maximiza a eficácia [s143]. O treinamento mental pode, assim como o treinamento físico, promover a neuroplasticidade, a capacidade do cérebro de mudar e se adaptar [s143]. Efeitos positivos se manifestam, por exemplo, em uma função cognitiva melhorada e em representações corticais alteradas. O uso de tecnologias digitais oferece novas oportunidades para suporte psicológico e intervenções, mas também apresenta riscos para a função cerebral [s144]. Ferramentas digitais podem facilitar o acesso a programas de treinamento personalizados e promover a autogestão. Ao mesmo tempo, o consumo excessivo de mídias digitais pode ter efeitos negativos nos processos cognitivos. Portanto, é aconselhável um uso consciente e equilibrado das tecnologias digitais [s144]. O treinamento mental pode combater o declínio cognitivo relacionado à idade, preservando assim a qualidade de vida e a independência econômica na velhice [s145]. Embora o cérebro envelhecido continue a ser plástico, os mecanismos exatos que influenciam essa plasticidade ainda são objeto de pesquisa [s145]. Compreender esses processos é crucial para desenvolver programas de treinamento adequados e eficazes para a idade. O treinamento mental, especialmente com tarefas desafiadoras, pode aumentar o número de neurônios sobreviventes no hipocampo. O aprendizado bem-sucedido durante o treinamento é essencial para proteger novos neurônios da morte [s146]. A dificuldade das tarefas de aprendizado influencia diretamente a taxa de sobrevivência de novos neurônios – tarefas mais complexas promovem a sobrevivência neuronal mais do que as simples [s146]. Essas descobertas ressaltam a importância do aprendizado contínuo e da adaptação do nível de dificuldade no treinamento mental. Os efeitos positivos do treinamento também podem impactar a kognitive_flexibilitaet e a capacidade de diferenciar padrões [s146]. Essas habilidades são essenciais para a adaptação a novas situações e para a resolução eficaz de problemas.

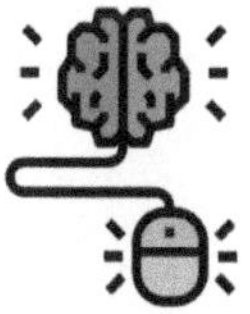

Bom saber

Intervenções Ecológicas

As intervenções ecológicas incorporam ambientes reais e atividades do dia a dia no treinamento para promover a transferência das habilidades treinadas para a vida cotidiana. Elas se destacam por sua alta relevância prática.

Representações Corticais

As representações corticais referem-se à maneira como as informações são processadas e armazenadas no córtex, a camada externa do cérebro. O treinamento mental pode alterar e otimizar essas representações.

Efetividade dos Métodos de Treinamento Cerebral

Efetividade e investimento de tempo de diferentes métodos de treinamento cerebral.

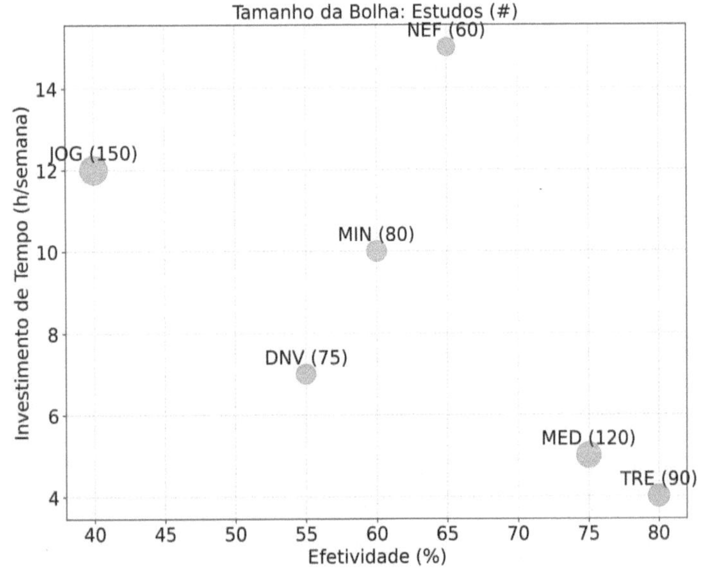

Blasengröße: Estudos (#)

DNV: Dual-N-Back

MED: Meditação

NEF: Neurofeedback

JOG: Jogos de Vídeo

MIN: Atenção Plena

TRE: Treinamento Cognitivo

Meditação e atenção plena mostram alta efetividade com investimento moderado de tempo, enquanto os videogames, apesar de exigir mais tempo, produzem menor efetividade. O treinamento cognitivo parece ser o mais eficiente, alcançando alta efetividade com um compromisso de tempo relativamente baixo. O neurofeedback requer um investimento significativo de tempo, mas demonstra uma efetividade moderada, sugerindo potencial para maiores retornos com protocolos otimizados. O Dual-N-Back requer um investimento moderado de tempo e uma efetividade média.

Aumento de Desempenho

O aumento de desempenho do cérebro abrange diversas estratégias, que vão desde adaptações bioquímicas até estimulação física e mudanças comportamentais [s147]. Componentes alimentares como glicose ou cafeína podem influenciar temporariamente as funções cognitivas, modulando a disponibilidade de energia ou a excitabilidade neuronal [s147]. Tecnologias de estimulação cerebral, incluindo a estimulação elétrica transcraniana, oferecem potencial para melhoria cognitiva, mas também apresentam certos riscos e sua eficácia ainda não foi completamente investigada [s147]. O tempo necessário para alcançar os efeitos desejados varia conforme o método. Enquanto algumas estratégias oferecem efeitos imediatos, mas de curta duração, outras requerem mudanças a longo prazo e aplicação regular [s147]. A aceitação social e a disponibilidade também desempenham um papel na escolha da estratégia [s147]. Além dessas abordagens mais intervencionistas, existem métodos baseados em comportamento para aumento de desempenho. Aprender novas habilidades, seja tricotar um padrão complexo ou editar imagens digitalmente, pode melhorar a memória e fortalecer a reserva cognitiva [s148]. A motivação para se envolver em atividades significativas é crucial [s149]. Assim como no treinamento cognitivo, é aconselhável

Funções cognitivas [i44]

Treinamento cognitivo [i45]

aumentar gradualmente a dificuldade das tarefas para manter a motivação e evitar sobrecarga [s149]. Comece com padrões de tricô simples e aumente a complexidade gradualmente. Na fotografia digital, você pode inicialmente aprender os fundamentos da composição de imagens e, em seguida, se aprofundar em técnicas avançadas, como a exposição prolongada. Esse aumento gradual das exigências não apenas promove o sucesso na aprendizagem, mas também a alegria de aprender [s149]. A interação social regular também contribui para a saúde cognitiva e pode reduzir o risco de declínio cognitivo [s148]. Participar ativamente de conversas, jogar em grupo ou colaborar em uma associação oferece oportunidades para interação social e, ao mesmo tempo, promove habilidades cognitivas como memória, atenção e fluência verbal. A combinação de atividades estimulantes, um estilo de vida saudável e intercâmbio social regular, portanto, forma uma base sólida para a preservação a longo prazo da capacidade cognitiva.

Bom saber

Estimulação elétrica transcraniana

Na estimulação elétrica transcraniana, uma corrente fraca é passada através do crânio para influenciar a atividade de áreas específicas do cérebro. Este método está sendo pesquisado no treinamento cerebral para melhorar as habilidades cognitivas.

Excitabilidade neuronal

A excitabilidade neuronal descreve quão facilmente um neurônio é ativado por um estímulo e transmite um sinal. O treinamento cerebral pode influenciar a excitabilidade dos neurônios e, assim, otimizar o processamento de informações.

Funções cognitivas

As funções cognitivas referem-se aos processos mentais que nos permitem processar informações, aprender, pensar, resolver problemas e tomar decisões. O treinamento cerebral frequentemente visa melhorar essas funções.

Treinamento cognitivo

O treinamento cognitivo envolve exercícios e atividades direcionadas que visam melhorar habilidades cognitivas específicas, como memória, atenção ou habilidades de resolução de problemas.

Distribuição de Aprimoramento Cognitivo

Distribuição dos benefícios cognitivos do treinamento cerebral.

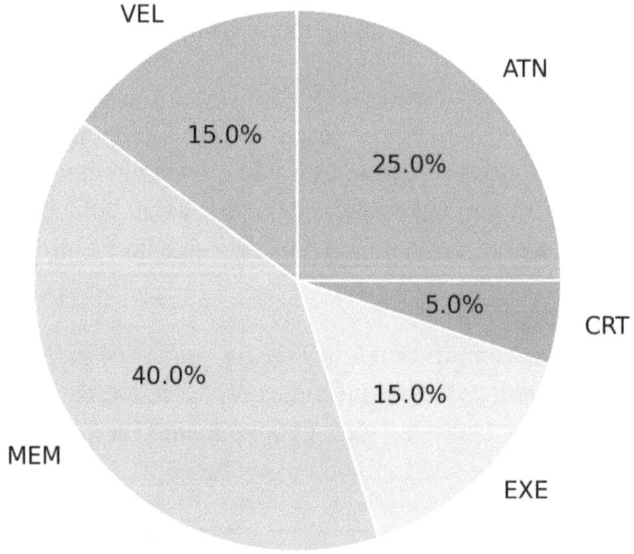

ATN: Atenção

CRT: Criatividade

EXE: Funções Executivas

MEM: Memória

VEL: Velocidade de Processamento

Embora a melhoria da memória mostre os ganhos mais significativos, outras áreas como atenção, velocidade de processamento e funções executivas também experimentam melhorias notáveis. Isso sugere que o treinamento cerebral pode ter um amplo impacto positivo nas habilidades cognitivas, em vez de se concentrar apenas na memória. O aumento relativamente menor na criatividade pode indicar que esta área pode exigir abordagens de treinamento diferentes ou que os métodos de medição são menos sensíveis às mudanças.

5. 3 Cérebro Digital

Os meios digitais moldam nosso cérebro e suas funções. O uso intenso, especialmente o multitarefa, influencia a atenção, o processamento de informações e até mesmo a estrutura cerebral. Isso traz riscos como a diminuição da atenção, a absorção superficial de informações e o potencial de vício. Ao mesmo tempo, as tecnologias digitais também oferecem oportunidades para a melhoria cognitiva e o suporte terapêutico. Descubra neste capítulo como os meios digitais alteram nosso cérebro e como podemos moldar ativamente essas influências.

A forma de uso dos meios, e não a tecnologia em si, molda nosso cérebro e nossas habilidades cognitivas. Um uso consciente e ativo, em vez de um consumo passivo, é fundamental.

Uso da Mídia

O uso da mídia molda nossas habilidades cognitivas. O uso intenso de mídia, especialmente em anos jovens, pode provocar mudanças morfológicas no cérebro [s150]. Por exemplo, o uso precoce e intenso de telas por crianças pequenas pode prejudicar o desenvolvimento da substância branca e, assim, impactar negativamente o desenvolvimento da linguagem [s151]. O consumo de mídia não é, por si só, prejudicial. Em vez disso, a forma de uso influencia os efeitos sobre a saúde cognitiva [s151]. O uso passivo pode ter efeitos negativos, enquanto o uso ativo e social promove efeitos positivos [s150]. Mídias digitais podem até melhorar a saúde mental e apoiar terapias [s150]. É importante ter uma abordagem consciente e criativa em relação a essas tecnologias [s150]. Um aspecto crítico do uso da mídia é o multitasking. Os adolescentes passam, em média, 7,5 horas por dia com mídias, sendo 29% desse tempo em multitasking [s152]. O multitasking frequentemente leva a uma superestimação das próprias habilidades, uma vez que o cérebro não é projetado para executar várias tarefas simultaneamente [s152]. Em vez disso, ocorre uma rápida alternância entre tarefas, resultando em perda de desempenho e maior taxa de erros [s152]. Estudos mostram que pessoas que frequentemente praticam multitasking têm um desempenho pior em tarefas cognitivas que exigem atenção e memória, mesmo quando estão lidando com apenas uma tarefa [s152]. Isso impacta negativamente o aprendizado e o desempenho acadêmico, pois distrações causadas pela mídia prejudicam a concentração e a memória [s152]. Resultados semelhantes são observados também no controle da atenção. Os multitaskers intensos têm dificuldades em se concentrar em tarefas e retornar após distrações [s153]. Adolescentes americanos consomem, em média, mais de 11 horas de mídia diariamente, o que sublinha a importância de investigar os efeitos sobre o desenvolvimento neurocognitivo [s153]. O uso frequente de tecnologias digitais pode levar a problemas de atenção, especialmente em crianças e adolescentes [s154]. Isso também pode prejudicar a inteligência emocional e social, pois há menos tempo para interações pessoais [s154]. As mídias sociais, paradoxalmente, apresentam o risco de isolamento social [s154]. Os circuitos neuronais ativados pelo consumo de mídia, como os gerados por buscas na internet [s154], podem melhorar as habilidades cognitivas, mas o consumo excessivo, especialmente em smartphones, pode ter um efeito viciante [s155]. Assim como em outros comportamentos aditivos, o sistema de recompensa no cérebro é estimulado por notificações constantes e curtidas [s155]. A natureza imprevisível das recompensas digitais – como curtidas variáveis – aumenta o risco de vício [s155]. Comportamentos repetidos relacionados ao consumo de mídia podem levar a mudanças na função cerebral, comparáveis a outros transtornos aditivos [s155]. O uso excessivo de smartphones correlaciona-se com doenças mentais como depressão, ansiedade e transtornos de atenção [s155]. No entanto, a discussão sobre o vício em smartphones deve ser vista de forma crítica, pois muitos estudos apresentam apenas correlações estatísticas fracas [s155]. Portanto, uma abordagem consciente em relação às mídias digitais é essencial para minimizar os efeitos negativos e aproveitar os benefícios da tecnologia. Por exemplo, fazer pausas regulares de dispositivos digitais e reduzir o tempo de tela, especialmente antes de dormir, pode ajudar a promover um uso saudável da mídia e minimizar os efeitos negativos sobre o sono e o desempenho cognitivo [s154].

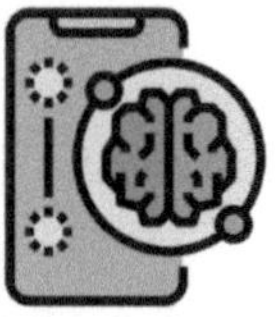

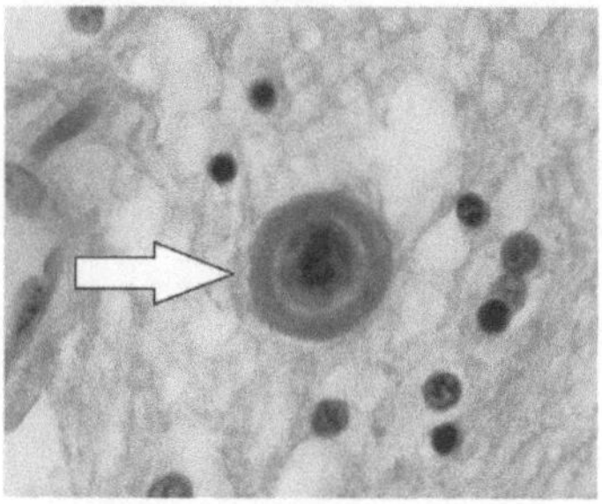

Substância branca [i46]

Bom saber

Circuitos Neuronais

Redes complexas de células nervosas interconectadas por sinapses, que formam a base para o processamento de informações e comportamento. A ativação de circuitos neuronais específicos pode ser influenciada por várias atividades, incluindo o consumo de mídia.

Morfológico

Refere-se à forma e estrutura do cérebro e de seus componentes. Mudanças morfológicas podem ser influenciadas por vários fatores, incluindo o uso de mídia, e podem impactar as funções cognitivas.

Sistema de Recompensa

Uma rede de estruturas cerebrais envolvidas no processamento de recompensas e motivação. O sistema de recompensa desempenha um papel importante no comportamento aditivo, pois é ativado por certos estímulos, como curtidas em mídias sociais.

Substância Branca

Tecido no cérebro que consiste principalmente em fibras nervosas e conecta várias regiões cerebrais. O desenvolvimento da substância branca desempenha um papel crucial no processamento de informações e nas funções cognitivas.

Cérebro Digital: Consumo de Mídia

Distribuição do engajamento de mídia impactando a função cerebral.

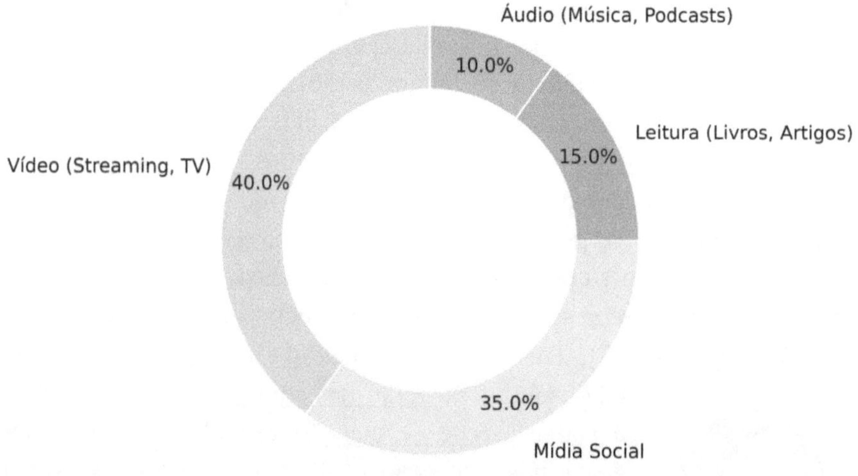

AUD: Áudio (Música, Podcasts)

LEI: Leitura (Livros, Artigos)

MID: Mídia Social

VID: Vídeo (Streaming, TV)

Mídias visuais como vídeo e mídias sociais dominam o consumo, sugerindo um impacto potencial nos processos cognitivos relacionados à atenção e processamento de informações. Embora a leitura tradicional permaneça relevante, sua menor participação destaca uma mudança para a absorção de informações visualmente orientada. Essa distribuição ressalta a necessidade de mais pesquisas sobre os efeitos a longo prazo de diferentes tipos de mídia na plasticidade cerebral e na função cognitiva.

Processamento de Informações

Nosso cérebro processa informações constantemente, um processo que é influenciado pelo uso de tecnologias digitais [s156]. A captação, processamento e memorização de informações são limitadas pelos nossos recursos neuronais [s156]. Os meios digitais, especialmente por seu design, competem permanentemente pela nossa atenção [s156]. Essas distrações reduzem os recursos disponíveis para o processamento de informações e podem levar a uma captação de informações mais superficial e a uma deterioração da competência de leitura [s156]. Não são as tecnologias em si, mas a maneira como lidamos com elas que influencia nossas habilidades cognitivas. Um uso consciente dos meios digitais, por exemplo, através da desativação intencional de notificações, pode ajudar a controlar a própria atenção e otimizar o processamento de informações. O uso simultâneo de diferentes meios, também conhecido como multitarefa, representa uma carga especial para o processamento de informações [s157]. Três redes neuronais que trabalham em estreita colaboração – a rede de controle frontoparietal, a dorsal e a rede de atenção ventral – nos permitem focar nossa atenção e alternar entre tarefas [s157]. No entanto, a multitarefa sobrecarrega essas redes, uma vez que nosso cérebro não é projetado para o processamento paralelo de várias tarefas [s157]. Cada mudança de tarefa causa o que se chama de custos de mudança, que se manifestam em uma diminuição da velocidade de processamento e um aumento na propensão a erros [s157]. Trabalhar concentrado em tarefas individuais, por meio da estruturação consciente do ambiente de trabalho e da evitação de distrações, promove um processamento eficaz de informações.

Bom saber

Custos de Mudança

Custos de mudança referem-se ao esforço cognitivo que surge ao alternar entre diferentes tarefas. Eles se manifestam em um tempo de processamento mais lento e uma maior taxa de erros.

Habilidades Cognitivas

Habilidades cognitivas referem-se aos processos mentais que nos permitem processar informações, aprender, pensar, argumentar e resolver problemas. No contexto do cérebro digital, essas habilidades podem ser influenciadas pelo tipo de uso dos meios.

Recursos Neurais

Recursos neurais descrevem a capacidade do cérebro de processar e armazenar informações. Eles são limitados e podem ser sobrecarregados por distrações constantes, como as oferecidas pelos meios digitais.

Rede de Atenção Ventral

A rede de atenção ventral é uma rede no cérebro responsável pela reação a estímulos inesperados ou relevantes. Ela direciona nossa atenção para novas informações.

Rede de Controle Frontoparietal

A rede de controle frontoparietal é uma rede no cérebro que desempenha um papel importante no controle da atenção e na tomada de decisões. Ela é fortemente exigida durante a multitarefa.

Velocidade de Processamento de Informação por Tipo de Mídia

Velocidades relativas de processamento de vários tipos de mídia no cérebro

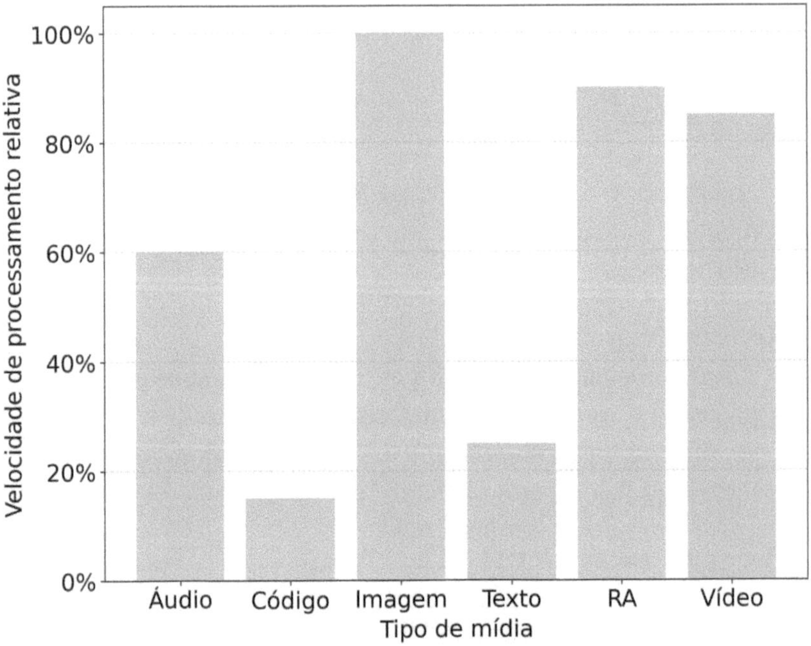

AUD: Áudio

COD: Código

IMG: Imagem

RA: Ambiente de RA

TXT: Texto

VID: Vídeo

Mídias visuais como imagens e vídeos são processadas significativamente mais rápido do que informações baseadas em texto. Isso sugere que o conteúdo visual pode ser mais facilmente absorvido e lembrado. Embora a velocidade de processamento de informações de áudio esteja entre os dados visuais e textuais, seu processamento rápido destaca a eficácia dos métodos de aprendizagem auditiva. O processamento mais lento do texto enfatiza o esforço cognitivo necessário para leitura e compreensão.

Controle da Atenção

O controle da atenção na era digital descreve a capacidade de manter o foco apesar da constante inundação de estímulos proporcionada pelas tecnologias digitais. No entanto, essa capacidade é limitada [s158]. Distrações, como as geradas por notificações ou atualizações de redes sociais, interrompem o fluxo cognitivo e dificultam a retenção de informações na memória. Pessoas que frequentemente realizam multitarefas são particularmente afetadas, pois sua atenção já é exigida pela constante mudança de tarefas [s158]. As tecnologias digitais são projetadas para capturar nossa atenção – uma competição contínua entre nosso foco consciente e as reações automáticas a estímulos externos [s158]. Esse conflito de atenção não apenas influencia a eficácia com que processamos informações, mas também como aprendemos com as tecnologias e, inversamente, como as tecnologias direcionam nossa atenção [s158]. Portanto, um uso consciente dos meios digitais é crucial. Desative, por exemplo, as notificações durante períodos de trabalho concentrado para retomar o controle sobre sua atenção. O uso intenso de tecnologias digitais pode encurtar a capacidade de atenção e provocar sintomas semelhantes aos de um transtorno

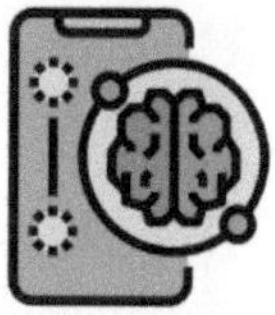

de déficit de atenção e hiperatividade (TDAH) [s159]. O uso excessivo da internet pode até ativar mecanismos que induzem ao vício, também associados a sintomas de TDAH [s159]. Apesar desses riscos potenciais, as tecnologias digitais também oferecem oportunidades. O uso direcionado de aplicativos pode, por exemplo, treinar a memória, melhorar certas habilidades de multitarefa ou oferecer suporte emocional por meio de intervenções online [s159]. O desafio reside em encontrar um equilíbrio entre os aspectos positivos e negativos do mundo digital e utilizar as tecnologias de forma consciente para alcançar objetivos pessoais.

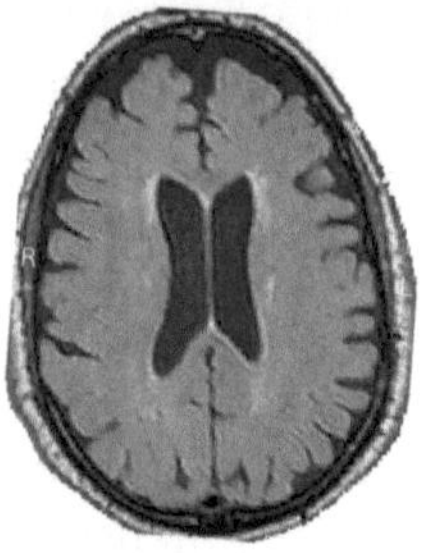

Intervenção [i47]

Bom saber

Capacidade de Atenção

A capacidade de atenção descreve a duração durante a qual uma pessoa pode concentrar sua atenção em um determinado estímulo ou tarefa. No contexto do mundo digital, discute-se se e como os meios digitais influenciam a capacidade de atenção.

Cognitivo

Cognitivo refere-se aos processos mentais relacionados à percepção, pensamento, aprendizado, memória e resolução de problemas. A pesquisa de processos cognitivos é uma parte central das neurociências, especialmente no contexto do estudo dos efeitos das tecnologias digitais no cérebro.

Intervenção

Intervenções no contexto das neurociências e do cérebro digital referem-se a medidas direcionadas que visam alterar ou melhorar funções cognitivas ou comportamentos. Tecnologias digitais podem ser utilizadas para tais intervenções, por exemplo, por meio de programas de treinamento ou aplicativos terapêuticos.

Períodos de atenção

Comparação de períodos de atenção

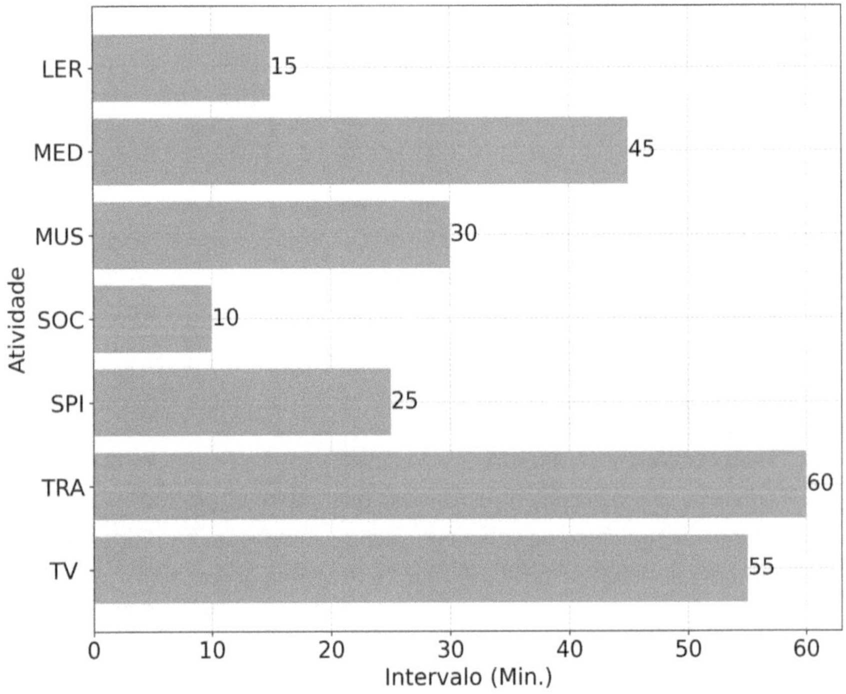

LER: Leitura

MED: Meditação

MUS: Ouvindo Música

SOC: Mídias Sociais

SPI: Jogos de vídeo

TRA: Trabalhando

TV : Televisão

O gráfico de barras horizontal ilustra os diferentes períodos de atenção para diferentes atividades. Atividades focadas, como leitura ou trabalho, exigem e promovem um período de atenção mais longo, enquanto o consumo passivo, como assistir televisão ou usar mídias sociais, leva a períodos mais curtos. Tarefas complexas exigem mais atenção do que rotinas simples.

Revisão - 5. Otimização Cerebral

O capítulo "Otimização Cerebral" explora diversas estratégias para aumentar a capacidade cognitiva, desde métodos de aprendizagem até técnicas de memorização, treinamento mental e a influência das mídias digitais. Fica claro que o cérebro é um órgão dinâmico, cuja estrutura e função podem ser positivamente influenciadas por medidas direcionadas. A plasticidade neuronal, a capacidade do cérebro de se adaptar e formar novas conexões, desempenha um papel central. Os métodos e descobertas apresentados no capítulo oferecem uma compreensão fundamentada de como você pode desenvolver seu potencial cognitivo de forma ideal. Destaca-se especialmente a importância de estratégias de aprendizagem ativas, que vão além do consumo passivo de informações e promovem a interconexão do conhecimento.

Para implementar os conceitos apresentados no capítulo na prática, recomenda-se uma abordagem em várias etapas. Primeiramente, você deve analisar suas necessidades e objetivos de aprendizagem individuais. Com base nisso, pode selecionar estratégias de aprendizagem adequadas e integrá-las ao seu cotidiano. É importante estabelecer metas realistas e refletir continuamente sobre o processo de aprendizagem, ajustando-o conforme necessário. A integração de exercícios de atenção plena e sono adequado pode apoiar ainda mais a consolidação da memória e a capacidade de concentração. Ao utilizar mídias digitais, é fundamental manter um uso consciente e minimizar potenciais efeitos negativos, como multitarefa e consumo excessivo. Em vez disso, você deve aproveitar as vantagens das tecnologias digitais para aprendizagem personalizada e treinamento cognitivo. Considerar sua "zona de desenvolvimento proximal" permite que você enfrente continuamente novos desafios e amplie suas habilidades cognitivas.

No entanto, os métodos de otimização cerebral descritos no capítulo também apresentam desafios. A eficácia dos programas de treinamento cognitivo muitas vezes se limita às habilidades treinadas, e os efeitos a longo prazo ainda não foram totalmente investigados. A crescente disseminação das tecnologias digitais traz o risco de distração, sobrecarga de informações e comportamentos viciantes. Portanto, é essencial questionar criticamente as descobertas apresentadas no capítulo e manter um uso responsável dos métodos propostos. Um foco unilateral no aumento de desempenho pode levar ao estresse e à sobrecarga, prejudicando o prazer de aprender. Assim, uma abordagem holística que considere não apenas aspectos cognitivos, mas também fatores emocionais e sociais, é indispensável.

Em conclusão, pode-se afirmar que o capítulo "Otimização Cerebral" oferece valiosas percepções sobre o funcionamento do cérebro e as possibilidades de melhoria cognitiva. Os métodos e descobertas apresentados podem ajudá-lo a desenvolver seu potencial de aprendizagem e aumentar sua capacidade mental. Ao mesmo tempo, é importante considerar os limites e desafios da otimização cerebral e seguir uma abordagem equilibrada que leve em conta tanto as necessidades individuais quanto as implicações éticas. Pesquisas futuras devem se concentrar mais nos efeitos a longo prazo do treinamento cognitivo, no desenvolvimento de intervenções adequadas à idade e na influência das tecnologias digitais no desenvolvimento cognitivo. Uma compreensão mais profunda dessas complexas interações é crucial para utilizar os potenciais da otimização cerebral de maneira responsável e sustentável.

Ofertas adicionais gratuitas planejadas

Temos o prazer de oferecer futuramente materiais complementares gratuitos para este livro:

- Um capítulo bônus exclusivo com conteúdo adicional
- Um resumo compacto de todo o livro em formato PDF
- Uma versão em radionovela (Em Planejamento)

A publicação destes materiais está prevista para 2025.
Sinta-se à vontade para visitar nosso site hoje mesmo. Assim que nosso serviço de newsletter for lançado (previsto para 2025), você poderá se registrar para receber atualizações e não perder nenhuma novidade sobre as ofertas adicionais gratuitas.

www.SaageBooks.com/pt/
pesquisa_cerebral_e_neurociencias-bonus-BDD63LA

Caros leitores,

Nos sentimos profundamente honrados por terem dedicado tempo para ler nosso livro do início ao fim. Nosso maior desejo é fornecer insights valiosos e orientação prática. Sua confiança em nosso trabalho significa muito para nós. Esperamos que a leitura tenha sido enriquecedora para vocês. Se tiverem alguma dúvida ou sugestão, não hesitem em nos contactar através do nosso site.

Se gostaram deste livro, agradeceríamos muito uma avaliação honesta. Vocês podem facilmente deixar sua avaliação honesta na plataforma de vendas onde compraram o livro.
Obrigado pelo seu apoio!

Bendis Saage

Saage Media GmbH - Equipe

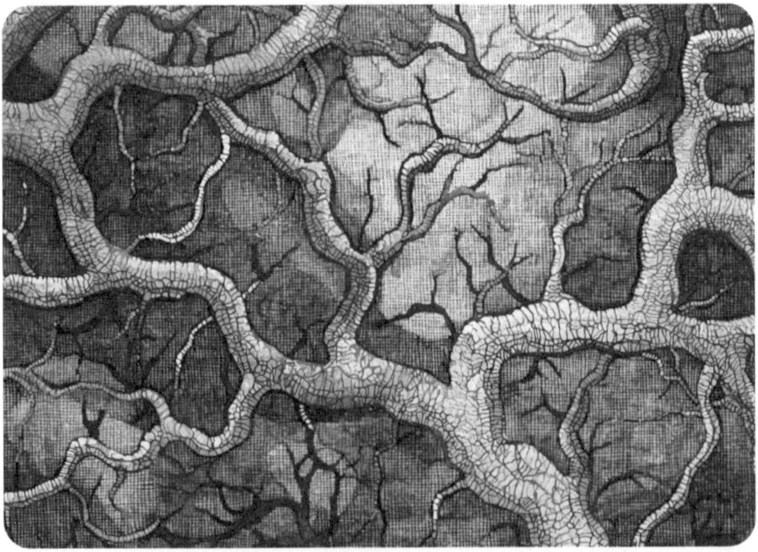

www.SaageBooks.com/pt

Descubra mais! O nosso site editorial oferece-lhe uma seleção diversificada de livros adicionais. Além de conteúdo gratuito e materiais bônus exclusivos, você encontrará informações detalhadas sobre nossas obras. Navegue pela nossa extensa oferta digital e inspire-se com experiências adicionais de leitura.

www.SaageBooks.com/pt

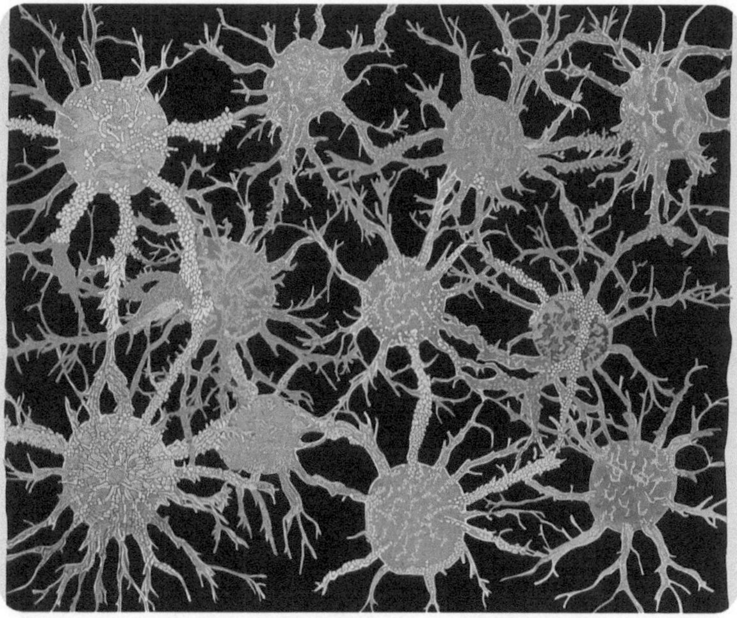

Fontes

Nossos sinceros agradecimentos a todos os autores das fontes científicas e não científicas citadas, aos operadores dos sites referenciados e aos criadores das imagens, gráficos e estudos utilizados, cujo valioso trabalho contribuiu para a criação deste livro. Para mais informações, recomendamos visitar os sites das fontes.
Se descobrir erros de mapeamento ou outras inconsistências, entre em contato conosco.

Todas as fontes foram acessadas pela última vez em: 2025-02-13

[s1] - https://pmc.ncbi.nlm.nih.gov/articles/PMC2989000/

Autor:	Joan Stiles, Terry L Jernigan	**Título:**	The Basics of Brain Development
por:	University of California, San Diego	**DOI:**	10.1007/s11065-010-9148-4
Data:	2010 Nov 3	**Site:**	PubMed Central (PMC)
Editora:	Neuropsychology Review		

[s2] - https://pmc.ncbi.nlm.nih.gov/articles/PMC3222570/

Autor:	Bryan Kolb, Robbin Gibb	**Título:**	Brain Plasticity and Behaviour in the Developing Brain
por:	University of Lethbridge	**Data:**	2011 Nov
Site:	PubMed Central (PMC)	**Editora:**	Journal of the Canadian Academy of Child and Adolescent Psychiatry

[s3] - https://pmc.ncbi.nlm.nih.gov/articles/PMC6680650/

Autor:	Shelly J Lane, Zoe Mailloux, Sarah Schoen, Anita Bundy, Teresa A May-Benson, L Diane Parham, Susanne Smith Roley, Roseann C Schaaf	**Título:**	Neural Foundations of Ayres Sensory Integration®
DOI:	10.3390/brainsci9070153	**Data:**	2019 Jun 28
Site:	PubMed Central (PMC)	**Editora:**	MDPI

[s4] - https://braininitiative.nih.gov/news-events/blog/upcoming-funding-opportunity-brain-connects-data-coordinating-centers

Título:	Upcoming funding opportunity: BRAIN CONNECTS Data Coordinating Centers I BRAIN Initiative	**por:**	BRAIN Initiative
Site:	BRAIN Initiative		

[s5] - https://grants.nih.gov/grants/guide/notice-files/NOT-NS-22-046.html

Título:	NOT-NS-22-046: Notice of Intent to Publish a Funding Opportunity Announcement for BRAIN Initiative Connectivity across Scales (BRAIN CONNECTS): Comprehensive Centers for Mouse Brain (UM1 Clinical Trial Not Allowed)	**por:**	National Institutes of Health (NIH)
Data:	December 02, 2021	**Site:**	NIH Guide for Grants and Contracts
Editora:	NIH		

[s6] - https://grants.nih.gov/grants/guide/notice-files/NOT-NS-22-045.html

Título:	NOT-NS-22-045: Notice of Intent to Publish a Funding Opportunity Announcement for BRAIN Initiative Connectivity across Scales (BRAIN CONNECTS): Comprehensive Centers for Human and Non-Human Primate Brain (UM1 Clinical Trial Not Allowed)	**por:**	National Institutes of Health (NIH)
Data:	December 02, 2021	**Site:**	grants.nih.gov
Editora:	NIH		

[s7] -
https://www.ninds.nih.gov/news-events/news/highlights-announcements/nih-brain-initiative-launches-projects-develop-innovative-technologies-map-brain-incredible-detail

Título:	NIH BRAIN Initiative launches projects to develop innovative technologies to map the brain in incredible detail	**por:**	National Institute of Neurological Disorders and Stroke (NINDS)
Site:	National Institute of Neurological Disorders and Stroke	**Editora:**	National Institutes of Health (NIH)

[s8] - https://pmc.ncbi.nlm.nih.gov/articles/PMC5725393/

Autor:	Talia N Lerner, Li Ye, Karl Deisseroth	**Título:**	Communication in Neural Circuits: Tools, Opportunities, and Challenges
por:	Stanford University; Howard Hughes Medical Institute	**DOI:**	10.1016/j.cell.2016.02.027
Data:	2016 Mar 10	**Site:**	PubMed Central (PMC)
Editora:	Cell		

[s9] - https://www.nih.gov/news-events/nih-research-matters/complete-wiring-map-insect-brain

Título:	Complete wiring map of the insect brain	**por:**	National Institutes of Health (NIH)
Data:	2023-03-27T14:34:42-04:00	**Site:**	NIH Research Matters
Editora:	NIH		

[s10] - https://pmc.ncbi.nlm.nih.gov/articles/PMC10410470/

Autor:	Sruthi Sridhar, Abdulrahman Khamaj, Manish Kumar Asthana	**Título:**	Cognitive neuroscience perspective on memory: overview and summary
DOI:	10.3389/fnhum.2023.1217093	**Data:**	2023 Jul 26
Site:	PMC (PubMed Central)	**Editora:**	Frontiers in Human Neuroscience

[s11] - https://pmc.ncbi.nlm.nih.gov/articles/PMC9775149/

Autor:	Hagar Goldberg	**Título:**	Growing Brains, Nurturing Minds—Neuroscience as an Educational Tool to Support Students' Development as Life-Long Learners
por:	University of British Columbia	**DOI:**	10.3390/brainsci12121622
Data:	2022 Nov 26	**Site:**	PubMed Central (PMC)
Editora:	Brain Sciences		

[s12] - https://pmc.ncbi.nlm.nih.gov/articles/PMC6372234/

Autor:	Keith J Yoder, Jean Decety	**Título:**	The neuroscience of morality and social decision-making
por:	University of Chicago	**DOI:**	10.1080/1068316X.2017.1414817
Data:	2017 Dec 12	**Site:**	PubMed Central (PMC)

[s13] - https://pmc.ncbi.nlm.nih.gov/articles/PMC3409833/

Autor:	Denise C Park, Chih-Mao Huang	**Título:**	Culture Wires the Brain: A Cognitive Neuroscience Perspective
por:	Center for Vital Longevity, University of Texas at Dallas; Department of Psychology, University of Illinois at Urbana-Champaign	**DOI:**	10.1177/1745691610374591
Data:	2010 Jul 1	**Site:**	PubMed Central (PMC)
Editora:	Perspectives on psychological science : a journal of the Association for Psychological Science		

[s14] - https://pmc.ncbi.nlm.nih.gov/articles/PMC2894679/

Autor:	Joan Y Chiao	**Título:**	At the frontier of cultural neuroscience: Introduction to the special issue
por:	Department of Psychology and Interdepartmental Neuroscience Program, Northwestern University, IL, USA	**DOI:**	10.1093/scan/nsq064
Data:	2010 Jun 26	**Site:**	PubMed Central (PMC)
Editora:	Social Cognitive and Affective Neuroscience		

[s15] - https://pmc.ncbi.nlm.nih.gov/articles/PMC3722610/

Autor:	Adrienne L Tierney, Charles A Nelson, III	**Título:**	Brain Development and the Role of Experience in the Early Years
por:	Harvard Graduate School of Education, Children's Hospital Boston Harvard Medical School	**Data:**	2009 Nov 1
Site:	PubMed Central (PMC)		

[s16] - https://pmc.ncbi.nlm.nih.gov/articles/PMC2947444/

Autor:	Patricia K Kuhl	**Título:**	Brain Mechanisms in Early Language Acquisition
por:	Institute for Learning & Brain Sciences, University of Washington	**DOI:**	10.1016/j.neuron.2010.08.038
Data:	2010 Sep 9	**Site:**	PubMed Central (PMC)
Editora:	Neuron		

[s17] - https://pmc.ncbi.nlm.nih.gov/articles/PMC10410470/
Autor: Sruthi Sridhar, Abdulrahman Khamaj, Manish Kumar Asthana **Título:** Cognitive neuroscience perspective on memory: overview and summary
DOI: 10.3389/fnhum.2023.1217093 **Data:** 2023 Jul 26
Site: PubMed Central (PMC) **Editora:** Frontiers in Human Neuroscience

[s18] - https://pmc.ncbi.nlm.nih.gov/articles/PMC4374359/
Autor: Mark D'Esposito, Bradley R Postle **Título:** THE COGNITIVE NEUROSCIENCE OF WORKING MEMORY
por: National Center for Biotechnology Information (NCBI) **DOI:** 10.1146/annurev-psych-010814-015031
Data: 2014 Sep 19 **Site:** PubMed Central (PMC)
Editora: Annual review of psychology

[s19] - https://pmc.ncbi.nlm.nih.gov/articles/PMC2805706/
Autor: Fernando Gómez-Pinilla **Título:** Brain foods: the effects of nutrients on brain function
por: University of California at Los Angeles School of Medicine **DOI:** 10.1038/nrn2421
Data: 2008 Jul **Site:** PubMed Central (PMC)
Editora: Nature reviews. Neuroscience

[s20] - https://pmc.ncbi.nlm.nih.gov/articles/PMC6372234/
Autor: Keith J Yoder, Jean Decety **Título:** The neuroscience of morality and social decision-making
por: University of Chicago **DOI:** 10.1080/1068316X.2017.1414817
Data: 2017 Dec 12 **Site:** PubMed Central (PMC)

[s21] - https://pmc.ncbi.nlm.nih.gov/articles/PMC3700582/
Autor: Jon Morgenstern, Nasir H Naqvi, Robert Debellis, Hans C Breiter **Título:** The Contributions of Cognitive Neuroscience and Neuroimaging to Understanding Mechanisms of Behavior Change in Addiction
por: Department of Psychiatry, Columbia University; Department of Psychiatry, Harvard Medical School and Northwestern University **DOI:** 10.1037/a0032435
Data: 2013 Apr 15 **Site:** PubMed Central (PMC)

[s22] -
https://nida.nih.gov/about-nida/organization/divisions/division-neuroscience-behavior-dnb/behavioral-cognitive-science-research-branch-bcsrb
por: National Institute on Drug Abuse (NIDA) **Site:** nida.nih.gov
Editora: National Institutes of Health

[s23] - https://pmc.ncbi.nlm.nih.gov/articles/PMC4887467/
Autor: Andrea Lavazza **Título:** Free Will and Neuroscience: From Explaining Freedom Away to New Ways of Operationalizing and Measuring It
por: Neuroethics, Centro Universitario Internazionale, Arezzo, Italy **DOI:** 10.3389/fnhum.2016.00262
Data: 2016 Jun 1 **Site:** PubMed Central (PMC)
Editora: Frontiers in Human Neuroscience

[s24] - https://pmc.ncbi.nlm.nih.gov/articles/PMC4387507/

Autor:	Lyric A Jorgenson, William T Newsome, David J Anderson, Cornelia I Bargmann, Emery N Brown, Karl Deisseroth, John P Donoghue, Kathy L Hudson, Geoffrey S F Ling, Peter R MacLeish, Eve Marder, Richard A Normann, Joshua R Sanes, Mark J Schnitzer, Terrence J Sejnowski, David W Tank, Roger Y Tsien, Kamil Ugurbil, John C Wingfield	**Título:**	The BRAIN Initiative: developing technology to catalyse neuroscience discovery
DOI:	10.1098/rstb.2014.0164	**Data:**	2015 May 19
Site:	PubMed Central (PMC)	**Editora:**	Philosophical Transactions of the Royal Society B: Biological Sciences

[s25] - https://pmc.ncbi.nlm.nih.gov/articles/PMC10425702/

Autor:	Jitesh Kumar, Tirath Patel, Fnu Sugandh, Jyotishna Dev, Umesh Kumar, Maham Adeeb, Meet Popatbhai Kachhadia, Piyush Puri, FNU Prachi, Mohammad Uzair Zaman, Satesh Kumar, Giustino Varrassi, Abdul Rehman Shah Syed	**Título:**	Innovative Approaches and Therapies to Enhance Neuroplasticity and Promote Recovery in Patients With Neurological Disorders: A Narrative Review
DOI:	10.7759/cureus.41914	**Data:**	2023 Jul 15
Site:	PubMed Central (PMC)	**Editora:**	Cureus

[s26] - https://pmc.ncbi.nlm.nih.gov/articles/PMC5836039/

Autor:	Betsy Ng	**Título:**	The Neuroscience of Growth Mindset and Intrinsic Motivation
por:	National Institute of Education, Nanyang Technological University	**DOI:**	10.3390/brainsci8020020
Data:	2018 Jan 26	**Site:**	PubMed Central (PMC)
Editora:	Brain Sciences		

[s27] - https://pmc.ncbi.nlm.nih.gov/articles/PMC9775149/

Autor:	Hagar Goldberg	**Título:**	Growing Brains, Nurturing Minds—Neuroscience as an Educational Tool to Support Students' Development as Life-Long Learners
por:	University of British Columbia	**DOI:**	10.3390/brainsci12121622
Data:	2022 Nov 26	**Site:**	PubMed Central (PMC)
Editora:	Brain Sciences		

[s28] - https://www.nimh.nih.gov/health/topics/brain-stimulation-therapies/brain-stimulation-therapies

Título:	Brain Stimulation Therapies	**por:**	National Institute of Mental Health (NIMH)
Site:	National Institute of Mental Health (NIMH)		

[s29] - https://pmc.ncbi.nlm.nih.gov/articles/PMC4892319/

Autor:	Hengameh Marzbani, Hamid Reza Marateb, Marjan Mansourian	**Título:**	Neurofeedback: A Comprehensive Review on System Design, Methodology and Clinical Applications
DOI:	10.15412/J.BCN.03070208	**Data:**	2016 Apr
Site:	PubMed Central (PMC)	**Editora:**	Basic and Clinical Neuroscience

[s30] - https://pmc.ncbi.nlm.nih.gov/articles/PMC2989000/

Autor:	Joan Stiles, Terry L Jernigan	**Título:**	The Basics of Brain Development
por:	University of California, San Diego; Departments of Psychiatry and Radiology, School of Medicine, University of California, San Diego	**DOI:**	10.1007/s11065-010-9148-4
Data:	2010 Nov 3	**Site:**	PubMed Central (PMC)
Editora:	Neuropsychology Review		

[s31] - https://pmc.ncbi.nlm.nih.gov/articles/PMC3722610/

Autor:	Adrienne L Tierney; Charles A Nelson, III	**Título:**	Brain Development and the Role of Experience in the Early Years
por:	Harvard Graduate School of Education; Children's Hospital Boston Harvard Medical School	**Data:**	2009 Nov 1
Site:	PubMed Central (PMC)	**Editora:**	Zero to three

[s32] - https://pmc.ncbi.nlm.nih.gov/articles/PMC3222570/

Autor:	Bryan Kolb, Robbin Gibb	**Título:**	Brain Plasticity and Behaviour in the Developing Brain
por:	University of Lethbridge	**Data:**	2011 Nov
Site:	PubMed Central (PMC)	**Editora:**	Journal of the Canadian Academy of Child and Adolescent Psychiatry

[s33] - https://pmc.ncbi.nlm.nih.gov/articles/PMC2777887/

Autor:	Barbara L Thompson, Pat Levitt, Gregg D Stanwood	**Título:**	Prenatal exposure to drugs: effects on brain development and implications for policy and education
por:	Vanderbilt University	**DOI:**	10.1038/nrn2598
Data:	2009 Mar 11	**Site:**	PubMed Central (PMC)
Editora:	Nature reviews. Neuroscience		

[s34] - https://pmc.ncbi.nlm.nih.gov/articles/PMC3252200/

Autor:	Chia-Shan Wu, Christopher P Jew, Hui-Chen Lu	**Título:**	Lasting impacts of prenatal cannabis exposure and the role of endogenous cannabinoids in the developing brain
por:	The Cain Foundation Laboratories, Jan & Dan Duncan Neurological Research Institute at Texas Children's Hospital, Baylor College of Medicine	**DOI:**	10.2217/fnl.11.27
Data:	2011 Jul 1	**Site:**	PubMed Central (PMC)
Editora:	Future neurology		

[s35] - https://pmc.ncbi.nlm.nih.gov/articles/PMC3722610/

Autor:	Adrienne L Tierney, Charles A Nelson, III	**Título:**	Brain Development and the Role of Experience in the Early Years
por:	Harvard Graduate School of Education, Children's Hospital Boston Harvard Medical School	**Data:**	2009 Nov 1
Site:	PubMed Central (PMC)		

[s36] - https://pmc.ncbi.nlm.nih.gov/articles/PMC2846084/

Autor:	Sharon E Fox, Pat Levitt, Charles A Nelson, III	**Título:**	How the Timing and Quality of Early Experiences Influence the Development of Brain Architecture
por:	Harvard-MIT Division of Health Sciences and Technology; Vanderbilt University; Children's Hospital Boston, Harvard Medical School	**DOI:**	10.1111/j.1467-8624.2009.01380.x
Data:	2010 Jan-Feb	**Site:**	PubMed Central (PMC)
Editora:	Child development		

[s37] - https://pmc.ncbi.nlm.nih.gov/articles/PMC2892678/

Autor:	Sara B Johnson, Robert W Blum, Jay N Giedd	**Título:**	Adolescent Maturity and the Brain: The Promise and Pitfalls of Neuroscience Research in Adolescent Health Policy
DOI:	10.1016/j.jadohealth.2009.05.016	**Data:**	2009 Sep
Site:	PubMed Central (PMC)	**Editora:**	The Journal of adolescent health : official publication of the Society for Adolescent Medicine

[s38] - https://pmc.ncbi.nlm.nih.gov/articles/PMC4308474/

Autor:	Katie A McLaughlin, Margaret A Sheridan, Hilary K Lambert	**Título:**	Childhood Adversity and Neural Development: Deprivation and Threat as Distinct Dimensions of Early Experience
DOI:	10.1016/j.neubiorev.2014.10.012	**Data:**	2014 Nov
Site:	PubMed Central (PMC)		

[s39] - https://pmc.ncbi.nlm.nih.gov/articles/PMC3722610/

Autor:	Adrienne L Tierney, Charles A Nelson, III	**Título:**	Brain Development and the Role of Experience in the Early Years
Data:	2009 Nov 1	**Site:**	PubMed Central (PMC)
Editora:	Zero to three		

[s40] - https://pmc.ncbi.nlm.nih.gov/articles/PMC10149040/

Autor:	Kelly C Martin, W Tyler Ketchabaw, Peter E Turkeltaub	**Título:**	Plasticity of the language system in children and adults
por:	Center for Brain Plasticity and Recovery, Georgetown University Medical Center; Research Division, MedStar National Rehabilitation Hospital	**DOI:**	10.1016/B978-0-12-819410-2.00021-7
Data:	2022	**Site:**	PubMed Central (PMC)
Editora:	Handbook of clinical neurology		

[s41] - https://pmc.ncbi.nlm.nih.gov/articles/PMC2846084/

Autor:	Sharon E Fox, Pat Levitt, Charles A Nelson, III	**Título:**	How the Timing and Quality of Early Experiences Influence the Development of Brain Architecture
por:	Harvard-MIT Division of Health Sciences and Technology, Vanderbilt University, Children's Hospital Boston, Harvard Medical School	**DOI:**	10.1111/j.1467-8624.2009.01380.x
Data:	2010 Jan-Feb	**Site:**	PubMed Central (PMC)
Editora:	Child development		

[s42] - https://pmc.ncbi.nlm.nih.gov/articles/PMC3705203/

Autor:	Kerstin Konrad, Christine Firk, Peter J Uhlhaas	**Título:**	Brain Development During Adolescence: Neuroscientific Insights Into This Developmental Period
DOI:	10.3238/arztebl.2013.0425	**Data:**	2013 Jun 21
Site:	PubMed Central (PMC)	**Editora:**	Deutsches Ärzteblatt International

[s43] - https://pmc.ncbi.nlm.nih.gov/articles/PMC3621648/

Autor:	Mariam Arain, Maliha Haque, Lina Johal, Puja Mathur, Wynand Nel, Afsha Rais, Ranbir Sandhu, Sushil Sharma	**Título:**	Maturation of the adolescent brain
por:	Saint James School of Medicine, Kralendijk, Bonaire, The Netherlands	**DOI:**	10.2147/NDT.S39776
Data:	2013 Apr 3	**Site:**	PubMed Central (PMC)
Editora:	Neuropsychiatric Disease and Treatment		

[s44] - https://pmc.ncbi.nlm.nih.gov/articles/PMC2892678/

Autor:	Sara B Johnson, Robert W Blum, Jay N Giedd	**Título:**	Adolescent Maturity and the Brain: The Promise and Pitfalls of Neuroscience Research in Adolescent Health Policy
DOI:	10.1016/j.jadohealth.2009.05.016	**Data:**	2009 Sep
Site:	PubMed Central (PMC)	**Editora:**	The Journal of adolescent health : official publication of the Society for Adolescent Medicine

[s45] - https://www.ncbi.nlm.nih.gov/pmc/articles/PMC8902218/

Autor:	Kiki Zanolie, Ili Ma, Marieke G N Bos, Elisabeth Schreuders, Annelinde R E Vandenbroucke, Jorien van Hoorn, Anna C K van Duijvenvoorde, Lara Wierenga, Eveline A Crone, Berna Güroğlu	**Título:**	Understanding the Dynamics of the Developing Adolescent Brain Through Team Science
DOI:	10.3389/fnint.2022.827097	**Data:**	2022 Feb 22
Site:	PubMed Central (PMC)	**Editora:**	Frontiers in Integrative Neuroscience

[s46] - https://pmc.ncbi.nlm.nih.gov/articles/PMC2892678/

Autor:	Sara B Johnson, Robert W Blum, Jay N Giedd	**Título:**	Adolescent Maturity and the Brain: The Promise and Pitfalls of Neuroscience Research in Adolescent Health Policy
por:	Johns Hopkins School of Medicine, Department of Pediatrics Johns Hopkins Bloomberg School of Public Health, Department of Population, Family & Reproductive Health, Baltimore, Maryland & National Institute of Mental Health, Child Psychiatry Branch, Unit on Brain Imaging, Bethesda, Maryland	**DOI:**	10.1016/j.jadohealth.2009.05.016
Data:	2009 Sep	**Site:**	PubMed Central (PMC)
Editora:	The Journal of adolescent health : official publication of the Society for Adolescent Medicine		

[s47] - https://pmc.ncbi.nlm.nih.gov/articles/PMC3930618/

Autor:	Joanna Jacobus, Susan F Tapert	**Título:**	Effects of Cannabis on the Adolescent Brain
por:	VA San Diego Healthcare System, University of California, San Diego	**DOI:**	10.2174/13816128113199990426
Data:	2014	**Site:**	PubMed Central (PMC)
Editora:	Current pharmaceutical design		

[s48] - https://pmc.ncbi.nlm.nih.gov/articles/PMC9775149/

Autor:	Hagar Goldberg	**Título:**	Growing Brains, Nurturing Minds—Neuroscience as an Educational Tool to Support Students' Development as Life-Long Learners
por:	University of British Columbia	**DOI:**	10.3390/brainsci12121622
Data:	2022 Nov 26	**Site:**	PubMed Central (PMC)
Editora:	Brain Sciences		

[s49] - https://www.ncbi.nlm.nih.gov/books/NBK53414/

Autor:	Institute of Medicine (US) and National Research Council (US) Committee on the Science of Adolescence	**Título:**	Biobehavioral Processes
por:	National Institutes of Health	**Data:**	2011
Site:	NCBI Bookshelf	**Editora:**	National Academies Press (US)

[s50] - https://pmc.ncbi.nlm.nih.gov/articles/PMC3399589/

Autor:	Ken C Winters, Amelia Arria	**Título:**	Adolescent Brain Development and Drugs
por:	University of Minnesota Medical School, Treatment Research Institute, University of Maryland, School of School of Public Health	**Data:**	2011
Site:	PubMed Central (PMC)	**Editora:**	The prevention researcher

[s51] - https://pmc.ncbi.nlm.nih.gov/articles/PMC5649212/

Autor:	Patrice Voss, Maryse E Thomas, J Miguel Cisneros-Franco, Étienne de Villers-Sidani	**Título:**	Dynamic Brains and the Changing Rules of Neuroplasticity: Implications for Learning and Recovery
por:	Department of Neurology and Neurosurgery, Montreal Neurological Institute, McGill University, Montreal, QC, Canada	**DOI:**	10.3389/fpsyg.2017.01657
Data:	2017 Oct 4	**Site:**	PubMed Central (PMC)
Editora:	Frontiers in Psychology		

[s52] - https://pmc.ncbi.nlm.nih.gov/articles/PMC3722610/

Autor:	Adrienne L Tierney, Charles A Nelson, III	**Título:**	Brain Development and the Role of Experience in the Early Years
Data:	2009 Nov 1	**Site:**	PubMed Central (PMC)
Editora:	Zero to three		

[s53] - https://pmc.ncbi.nlm.nih.gov/articles/PMC9775149/

Autor:	Hagar Goldberg	**Título:**	Growing Brains, Nurturing Minds—Neuroscience as an Educational Tool to Support Students' Development as Life-Long Learners
por:	University of British Columbia	**DOI:**	10.3390/brainsci12121622
Data:	2022 Nov 26	**Site:**	PubMed Central (PMC)
Editora:	Brain Sciences		

[s54] - https://pmc.ncbi.nlm.nih.gov/articles/PMC3222570/

Autor:	Bryan Kolb, Robbin Gibb	**Título:**	Brain Plasticity and Behaviour in the Developing Brain
Data:	2011 Nov	**Site:**	PubMed Central (PMC)
Editora:	Journal of the Canadian Academy of Child and Adolescent Psychiatry		

[s55] - https://pmc.ncbi.nlm.nih.gov/articles/PMC7613141/

Autor:	Diya Chatterjee, Shantala Hegde, Michael Thaut	**Título:**	Neural plasticity: The substratum of music-based interventions in neurorehabilitation
por:	National Institute of Mental Health and Neuro Sciences; University of Toronto	**DOI:**	10.3233/NRE-208011
Data:	2021 Jan 1	**Site:**	PubMed Central (PMC)
Editora:	NeuroRehabilitation		

[s56] - https://pmc.ncbi.nlm.nih.gov/articles/PMC3622463/

Autor:	Denise C Park, Gérard N Bischof	**Título:**	The aging mind: neuroplasticity in response to cognitive training
por:	The Center for Vital Longevity, School of Brain and Behavioral Sciences, University of Texas at Dallas, Texas, USA	**DOI:**	10.31887/DCNS.2013.15.1/dpark
Data:	2013 Mar	**Site:**	PubMed Central (PMC)
Editora:	Dialogues in Clinical Neuroscience		

[s57] - https://pmc.ncbi.nlm.nih.gov/articles/PMC3335430/

Autor:	Richard L Bryck, Philip A Fisher	**Título:**	Training the Brain: Practical Applications of Neural Plasticity From the Intersection of Cognitive Neuroscience, Developmental Psychology, and Prevention Science
por:	University of Oregon and Oregon Social Learning Center	**DOI:**	10.1037/a0024657
Data:	2011 Jul 25	**Site:**	PubMed Central (PMC)

[s58] - https://pmc.ncbi.nlm.nih.gov/articles/PMC7613141/

Autor:	Diya Chatterjee, Shantala Hegde, Michael Thaut	**Título:**	Neural plasticity: The substratum of music-based interventions in neurorehabilitation
por:	NIMHANS, National Institute of Mental Health and Neuro Sciences, University of Toronto	**DOI:**	10.3233/NRE-208011
Data:	2021 Jan 1	**Site:**	PubMed Central (PMC)
Editora:	NeuroRehabilitation		

[s59] - https://pmc.ncbi.nlm.nih.gov/articles/PMC10425702/

Autor:	Jitesh Kumar, Tirath Patel, Fnu Sugandh, Jyotishna Dev, Umesh Kumar, Maham Adeeb, Meet Popatbhai Kachhadia, Piyush Puri, FNU Prachi, Mohammad Uzair Zaman, Satesh Kumar, Giustino Varrassi, Abdul Rehman Shah Syed	**Título:**	Innovative Approaches and Therapies to Enhance Neuroplasticity and Promote Recovery in Patients With Neurological Disorders: A Narrative Review
por:	Ghulam Muhammad Mahar Medical College, American University of Antigua, Civil Hospital Karachi, Green City Hospital, TUTH (Tribhuvan University Teaching Hospital) Institute Of Medicine, Dow University of Health Sciences, PDU (Pandit Deendayal Upadhyay) Medical College, Adesh Institute of Medical Science and Research, Guru Teg Bahadur Hospital, Bacha Khan Medical College, Shaheed Mohtarma Benazir Bhutto Medical College, Paolo Procacci Foundation	**DOI:**	10.7759/cureus.41914
Data:	2023 Jul 15	**Site:**	PubMed Central (PMC)
Editora:	Cureus		

[s60] - https://pmc.ncbi.nlm.nih.gov/articles/PMC4026979/

Autor:	Eberhard Fuchs, Gabriele Flügge	**Título:**	Adult Neuroplasticity: More Than 40 Years of Research
por:	German Primate Center, Leibniz Institute for Primate Research; Department of Neurology, Medical School, University of Göttingen	**DOI:**	10.1155/2014/541870
Data:	2014 May 4	**Site:**	PubMed Central (PMC)
Editora:	Neural Plasticity		

[s61] - https://pmc.ncbi.nlm.nih.gov/articles/PMC10473303/

Autor:	Nicholas Aderinto, Muili O AbdulBasit, Gbolahan Olatunji, Temilade Adejumo	**Título:**	Exploring the transformative influence of neuroplasticity on stroke rehabilitation: a narrative review of current evidence
DOI:	10.1097/MS9.0000000000001137	**Data:**	2023 Aug 7
Site:	PubMed Central (PMC)	**Editora:**	Annals of Medicine and Surgery

[s62] - https://pmc.ncbi.nlm.nih.gov/articles/PMC6400842/

Autor:	Pedro Mateos-Aparicio, Antonio Rodríguez-Moreno	**Título:**	The Impact of Studying Brain Plasticity
por:	University Pablo de Olavide, Seville, Spain	**DOI:**	10.3389/fncel.2019.00066
Data:	2019 Feb 27	**Site:**	PubMed Central (PMC)
Editora:	Frontiers in Cellular Neuroscience		

[s63] - https://pmc.ncbi.nlm.nih.gov/articles/PMC2864527/

Autor:	Bruce S McEwen, Peter J Gianaros	**Título:**	Central role of the brain in stress and adaptation: Links to socioeconomic status, health, and disease
por:	National Institutes of Health (NIH)	**DOI:**	10.1111/j.1749-6632.2009.05331.x
Data:	2010 Feb	**Site:**	PubMed Central (PMC)
Editora:	Annals of the New York Academy of Sciences		

[s64] - https://pmc.ncbi.nlm.nih.gov/articles/PMC4430083/

Autor:	Gottfried Schlaug	**Título:**	Musicians and music making as a model for the study of brain plasticity
DOI:	10.1016/bs.pbr.2014.11.020	**Data:**	2015 Feb 11
Site:	PubMed Central (PMC)	**Editora:**	Progress in brain research

[s65] - https://pmc.ncbi.nlm.nih.gov/articles/PMC4694720/

Autor:	Ann C Mckee, Daniel H Daneshvar	**Título:**	The neuropathology of traumatic brain injury
por:	VA Boston HealthCare System; Center for the Study of Traumatic Encephalopathy, Alzheimer's Disease Center, and Departments of Neurology and Pathology, Boston University School of Medicine, Boston, MA, USA	**DOI:**	10.1016/B978-0-444-52892-6.00004-0
Data:	2015	**Site:**	PubMed Central (PMC)
Editora:	Handbook of clinical neurology		

[s66] - https://pmc.ncbi.nlm.nih.gov/articles/PMC4311997/

Autor:	David W Wright, Tamara R Espinoza, Lisa H Merck, Jonathan J Ratcliff, Anika Backster, Donald G Stein	**Título:**	Gender Differences in Neurological Emergencies Part II: A Consensus Summary and Research Agenda on Traumatic Brain Injury
DOI:	10.1111/acem.12532	**Data:**	2014 Nov 24
Site:	PubMed Central (PMC)	**Editora:**	Academic emergency medicine : official journal of the Society for Academic Emergency Medicine

[s67] - https://www.ninds.nih.gov/about-ninds/strategic-plans-evaluations/strategic-plans/ninds-strategic-plan-and-priorities/neuroscience-research

Título:	Neuroscience Research	**por:**	National Institute of Neurological Disorders and Stroke (NINDS)
Site:	National Institute of Neurological Disorders and Stroke	**Editora:**	National Institutes of Health (NIH)

[s68] - https://pmc.ncbi.nlm.nih.gov/articles/PMC10598326/

Autor:	Vaishnavi Zotey, Amol Andhale, Tejas Shegekar, Anup Juganavar	**Título:**	Adaptive Neuroplasticity in Brain Injury Recovery: Strategies and Insights
por:	Jawaharlal Nehru Medical College, Datta Meghe Institute of Higher Education and Research, Wardha, IND	**DOI:**	10.7759/cureus.45873
Data:	2023 Sep 24	**Site:**	PubMed Central (PMC)
Editora:	Cureus		

[s69] - https://pmc.ncbi.nlm.nih.gov/articles/PMC10670234/

Autor:	Livia Livinț Popa, Diana Chira, Ștefan Strilciuc, Dafin F Mureșanu	**Título:**	Non-Invasive Systems Application in Traumatic Brain Injury Rehabilitation
DOI:	10.3390/brainsci13111594	**Data:**	2023 Nov 15
Site:	PubMed Central (PMC)	**Editora:**	Brain Sciences

[s70] - https://www.ninds.nih.gov/health-information/disorders/traumatic-brain-injury-tbi

Título:	Traumatic Brain Injury (TBI)	**por:**	National Institute of Neurological Disorders and Stroke (NINDS)
Site:	National Institute of Neurological Disorders and Stroke	**Editora:**	National Institutes of Health (NIH)

[s71] - https://www.ninds.nih.gov/health-information/disorders/cerebral-palsy

Título:	Cerebral Palsy | National Institute of Neurological Disorders and Stroke	**por:**	National Institute of Neurological Disorders and Stroke (NINDS)
Site:	National Institute of Neurological Disorders and Stroke	**Editora:**	National Institute of Neurological Disorders and Stroke

[s72] - https://pmc.ncbi.nlm.nih.gov/articles/PMC10425702/

Autor:	Jitesh Kumar, Tirath Patel, Fnu Sugandh, Jyotishna Dev, Umesh Kumar, Maham Adeeb, Meet Popatbhai Kachhadia, Piyush Puri, FNU Prachi, Mohammad Uzair Zaman, Satesh Kumar, Giustino Varrassi, Abdul Rehman Shah Syed	**Título:**	Innovative Approaches and Therapies to Enhance Neuroplasticity and Promote Recovery in Patients With Neurological Disorders: A Narrative Review
DOI:	10.7759/cureus.41914	**Data:**	2023 Jul 15
Site:	PubMed Central (PMC)	**Editora:**	Cureus

[s73] - https://pmc.ncbi.nlm.nih.gov/articles/PMC10598326/

Autor:	Vaishnavi Zotey, Amol Andhale, Tejas Shegekar, Anup Juganavar	**Título:**	Adaptive Neuroplasticity in Brain Injury Recovery: Strategies and Insights
por:	Jawaharlal Nehru Medical College, Datta Meghe Institute of Higher Education and Research, Wardha, IND	**DOI:**	10.7759/cureus.45873
Data:	2023 Sep 24	**Site:**	PubMed Central (PMC)
Editora:	Cureus		

[s74] -
https://www.nia.nih.gov/health/alzheimers-causes-and-risk-factors/what-happens-brain-alzheimers-disease

Título:	What Happens to the Brain in Alzheimer's Disease?	**por:**	National Institute on Aging (NIA)
Site:	National Institute on Aging		

[s75] - https://pmc.ncbi.nlm.nih.gov/articles/PMC6023993/

Autor:	Michelle E Watts, Roger Pocock, Charles Claudianos	**Título:**	Brain Energy and Oxygen Metabolism: Emerging Role in Normal Function and Disease
por:	The University of Queensland, Monash University, The Australian National University	**DOI:**	10.3389/fnmol.2018.00216
Data:	2018 Jun 22	**Site:**	PubMed Central (PMC)
Editora:	Frontiers in Molecular Neuroscience		

[s76] - https://pmc.ncbi.nlm.nih.gov/articles/PMC2805706/

Autor:	Fernando Gómez-Pinilla	**Título:**	Brain foods: the effects of nutrients on brain function
por:	University of California at Los Angeles School of Medicine	**DOI:**	10.1038/nrn2421
Data:	2008 Jul	**Site:**	PubMed Central (PMC)
Editora:	Nature reviews. Neuroscience		

[s77] - https://pubmed.ncbi.nlm.nih.gov/19337275/

Autor:	van Hall G, Strømstad M, Rasmussen P, Jans O, Zaar M, Gam C, Quistorff B, Secher NH, Nielsen HB.	**Título:**	Blood lactate is an important energy source for the human brain
DOI:	10.1038/jcbfm.2009.35	**Data:**	2009 Jun
Site:	PubMed	**Editora:**	J Cereb Blood Flow Metab

[s78] - https://www.ncbi.nlm.nih.gov/books/NBK28124/

Autor:	Roger F Butterworth	**Título:**	Brain Energy Metabolism
por:	National Center for Biotechnology Information (NCBI)	**Data:**	1999
Site:	NCBI Bookshelf	**Editora:**	Lippincott-Raven

[s79] - https://pubmed.ncbi.nlm.nih.gov/17579656/

Autor:	Simpson IA;Carruthers A;Vannucci SJ	**Título:**	Supply and demand in cerebral energy metabolism: the role of nutrient transporters
DOI:	10.1038/sj.jcbfm.9600521	**Data:**	2007 Nov
Site:	PubMed	**Editora:**	J Cereb Blood Flow Metab

[s80] - https://pmc.ncbi.nlm.nih.gov/articles/PMC4661798/

Autor:	Anna Falkowska, Izabela Gutowska, Marta Goschorska, Przemysław Nowacki, Dariusz Chlubek, Irena Baranowska-Bosiacka	**Título:**	Energy Metabolism of the Brain, Including the Cooperation between Astrocytes and Neurons, Especially in the Context of Glycogen Metabolism
por:	Pomeranian Medical University	**DOI:**	10.3390/ijms161125939
Data:	2015 Oct 29	**Site:**	PMC (PubMed Central)
Editora:	International Journal of Molecular Sciences		

[s81] - https://pmc.ncbi.nlm.nih.gov/articles/PMC4651462/

Autor:	Andy R Eugene, Jolanta Masiak	**Título:**	The Neuroprotective Aspects of Sleep
Data:	2015 Mar	**Site:**	PubMed Central (PMC)
Editora:	MEDtube science		

[s82] - https://pmc.ncbi.nlm.nih.gov/articles/PMC10605363/

Autor:	Corneliu Toader, Calin Petru Tataru, Ioan-Alexandru Florian, Razvan-Adrian Covache-Busuioc, Bogdan-Gabriel Bratu, Luca Andrei Glavan, Andrei Bordeianu, David-Ioan Dumitrascu, Alexandru Vlad Ciurea	**Título:**	Cognitive Crescendo: How Music Shapes the Brain's Structure and Function
DOI:	10.3390/brainsci13101390	**Data:**	2023 Sep 29
Site:	PubMed Central (PMC)	**Editora:**	Brain Sciences

[s83] - https://pmc.ncbi.nlm.nih.gov/articles/PMC3411899/

Autor:	Sarah M Rothman, Kathleen J Griffioen, Ruiqian Wan, Mark P Mattson	**Título:**	Brain-derived neurotrophic factor as a regulator of systemic and brain energy metabolism and cardiovascular health
por:	Laboratory of Neurosciences, National Institute on Aging Intramural Research Program, National Institutes of Health, Baltimore, Maryland	**DOI:**	10.1111/j.1749-6632.2012.06525.x
Data:	2012 Apr 30	**Site:**	PubMed Central (PMC)
Editora:	Annals of the New York Academy of Sciences		

[s84] - https://www.nia.nih.gov/health/brain-health/cognitive-health-and-older-adults

Título:	Cognitive Health and Older Adults	**por:**	National Institute on Aging (NIA)
Site:	National Institute on Aging	**Editora:**	National Institutes of Health (NIH)

[s85] - https://pmc.ncbi.nlm.nih.gov/articles/PMC4981537/

Autor:	Sarah E Cusick, Michael K Georgieff	**Título:**	The Role of Nutrition in Brain Development: The Golden Opportunity of the "First 1000 Days"
por:	University of Minnesota School of Medicine	**DOI:**	10.1016/j.jpeds.2016.05.013
Data:	2016 Jun 3	**Site:**	PubMed Central (PMC)
Editora:	The Journal of pediatrics		

[s86] - https://pmc.ncbi.nlm.nih.gov/articles/PMC6045434/

Autor:	Michael K Georgieff, Sara E Ramel, Sarah E Cusick	**Título:**	Nutritional Influences on Brain Development
por:	University of Minnesota Medical School	**DOI:**	10.1111/apa.14287
Data:	2018 Mar 22	**Site:**	PubMed Central (PMC)
Editora:	Acta paediatrica (Oslo, Norway : 1992)		

[s87] - https://pmc.ncbi.nlm.nih.gov/articles/PMC8839299/

Autor:	Marina Roberts, Terezie Tolar-Peterson, Abby Reynolds, Caitlin Wall, Nicole Reeder, Gina Rico Mendez	**Título:**	The Effects of Nutritional Interventions on the Cognitive Development of Preschool-Age Children: A Systematic Review
por:	Mississippi State University; Social Science Research Center	**DOI:**	10.3390/nu14030532
Data:	2022 Jan 26	**Site:**	PubMed Central (PMC)
Editora:	Nutrients		

[s88] - https://pmc.ncbi.nlm.nih.gov/articles/PMC2805706/

Autor:	Fernando Gómez-Pinilla	**Título:**	Brain foods: the effects of nutrients on brain function
por:	University of California at Los Angeles School of Medicine	**DOI:**	10.1038/nrn2421
Data:	2008 Jul	**Site:**	PubMed Central (PMC)
Editora:	Nature reviews. Neuroscience		

[s89] - https://pmc.ncbi.nlm.nih.gov/articles/PMC3900881/

Autor:	Philipp Mergenthaler, Ute Lindauer, Gerald A Dienel, Andreas Meisel	**Título:**	Sugar for the brain: the role of glucose in physiological and pathological brain function
DOI:	10.1016/j.tins.2013.07.001	**Data:**	2013 Aug 20
Site:	PubMed Central (PMC)	**Editora:**	Trends in neurosciences

[s90] - https://pmc.ncbi.nlm.nih.gov/articles/PMC10526443/

Autor:	Roy A Poblete, Shelby Yaceczko, Raya Aliakbar, Pravesh Saini, Saman Hazany, Hannah Breit, Stan G Louie, Patrick D Lyden, Arthur Partikian	**Título:**	Optimization of Nutrition after Brain Injury: Mechanistic and Therapeutic Considerations
DOI:	10.3390/biomedicines11092551	**Data:**	2023 Sep 17
Site:	PubMed Central (PMC)		

[s91] - https://pmc.ncbi.nlm.nih.gov/articles/PMC10083484/

Autor:	Seema Puri, Majida Shaheen, Bhanvi Grover	**Título:**	Nutrition and cognitive health: A life course approach
por:	Department of Food and Nutrition, Institute of Home Economics, University of Delhi, New Delhi, India	**DOI:**	10.3389/fpubh.2023.1023907
Data:	2023 Mar 27	**Site:**	PubMed Central (PMC)
Editora:	Frontiers in Public Health		

[s92] - https://pmc.ncbi.nlm.nih.gov/articles/PMC8321864/

Autor:	Kirsten Berding, Klara Vlckova, Wolfgang Marx, Harriet Schellekens, Catherine Stanton, Gerard Clarke, Felice Jacka, Timothy G Dinan, John F Cryan	**Título:**	Diet and the Microbiota–Gut–Brain Axis: Sowing the Seeds of Good Mental Health
DOI:	10.1093/advances/nmaa181	**Data:**	2021 Mar 9
Site:	PubMed Central (PMC)	**Editora:**	Advances in Nutrition

[s93] - https://pmc.ncbi.nlm.nih.gov/articles/PMC10083484/

Autor:	Seema Puri, Majida Shaheen, Bhanvi Grover	**Título:**	Nutrition and cognitive health: A life course approach
por:	University of Delhi	**DOI:**	10.3389/fpubh.2023.1023907
Data:	2023 Mar 27	**Site:**	PubMed Central (PMC)
Editora:	Frontiers in Public Health		

[s94] - https://pmc.ncbi.nlm.nih.gov/articles/PMC2805706/

Autor:	Fernando Gómez-Pinilla	**Título:**	Brain foods: the effects of nutrients on brain function
por:	University of California at Los Angeles School of Medicine	**DOI:**	10.1038/nrn2421
Data:	2008 Jul	**Site:**	PubMed Central (PMC)
Editora:	Nature reviews. Neuroscience		

[s95] - https://pmc.ncbi.nlm.nih.gov/articles/PMC3258094/

Autor:	Fernando Gomez-Pinilla, Alexis G Gomez	**Título:**	The Influence of Dietary Factors in Central Nervous System Plasticity and Injury Recovery
por:	University of California Los Angeles Brain Injury Research Center	**DOI:**	10.1016/j.pmrj.2011.03.001
Data:	2011 Jun	**Site:**	PubMed Central (PMC)
Editora:	PM & R : the journal of injury, function, and rehabilitation		

[s96] - https://pmc.ncbi.nlm.nih.gov/articles/PMC10843898/

Autor:	Aron K Barbey, Teresa A Davis	**Título:**	Nutrition and the Brain – Exploring Pathways for Optimal Brain Health Through Nutrition: A Call for Papers
por:	National Library of Medicine (NLM)	**DOI:**	10.1016/j.tjnut.2023.10.026
Data:	2023 Nov 2	**Site:**	PubMed Central (PMC)
Editora:	The Journal of Nutrition		

[s97] - https://pmc.ncbi.nlm.nih.gov/articles/PMC2077351/

Autor:	Simon N Young	**Título:**	How to increase serotonin in the human brain without drugs
por:	McGill University	**Data:**	2007 Nov
Site:	PubMed Central (PMC)	**Editora:**	Journal of Psychiatry & Neuroscience : JPN

[s98] - https://pmc.ncbi.nlm.nih.gov/articles/PMC4772032/

Autor:	David O Kennedy	**Título:**	B Vitamins and the Brain: Mechanisms, Dose and Efficacy—A Review
por:	Brain, Performance and Nutrition Research Centre, Northumbria University	**DOI:**	10.3390/nu8020068
Data:	2016 Jan 28	**Site:**	PubMed Central (PMC)
Editora:	Nutrients		

[s99] - https://pmc.ncbi.nlm.nih.gov/articles/PMC9641984/

Autor:	Ibrahim M Dighriri, Abdalaziz M Alsubaie, Fatimah M Hakami, Dalal M Hamithi, Maryam M Alshekh, Fatimah A Khobrani, Fatimah E Dalak, Alanoud A Hakami, Efham H Alsueaadi, Laila S Alsaawi, Saad F Alshammari, Abdullah S Alqahtani, Ibrahim A Alawi, Amal A Aljuaid, Mohammed Q Tawhari	**Título:**	Effects of Omega-3 Polyunsaturated Fatty Acids on Brain Functions: A Systematic Review
DOI:	10.7759/cureus.30091	**Data:**	2022 Oct 9
Site:	PubMed Central (PMC)	**Editora:**	Cureus

[s100] - https://pmc.ncbi.nlm.nih.gov/articles/PMC2805706/

Autor:	Fernando Gómez-Pinilla	**Título:**	Brain foods: the effects of nutrients on brain function
por:	University of California at Los Angeles School of Medicine	**DOI:**	10.1038/nrn2421
Data:	2008 Jul	**Site:**	PubMed Central (PMC)
Editora:	Nature reviews. Neuroscience		

[s101] - https://pmc.ncbi.nlm.nih.gov/articles/PMC2475802/

Autor:	BJ Casey, Rebecca M Jones, Todd A Hare	**Título:**	The Adolescent Brain
por:	Sackler Institute, Weill Medical College of Cornell University; California Institute of Technology	**DOI:**	10.1196/annals.1440.010
Data:	2008 Mar	**Site:**	PubMed Central (PMC)
Editora:	Annals of the New York Academy of Sciences		

[s102] - https://pmc.ncbi.nlm.nih.gov/articles/PMC3004979/

Autor:	Britta K Hölzel, James Carmody, Mark Vangel, Christina Congleton, Sita M Yerramsetti, Tim Gard, Sara W Lazar	**Título:**	Mindfulness practice leads to increases in regional brain gray matter density
DOI:	10.1016/j.pscychresns.2010.08.006	**Data:**	2010 Nov 10
Site:	PubMed Central (PMC)	**Editora:**	Psychiatry research

[s103] - https://pmc.ncbi.nlm.nih.gov/articles/PMC9910279/

Autor:	Anna J Finley, Stacey M Schaefer	**Título:**	Affective Neuroscience of Loneliness: Potential Mechanisms underlying the Association between Perceived Social Isolation, Health, and Well-Being
por:	Institute on Aging, University of Wisconsin-Madison	**DOI:**	10.20900/jpbs.20220011
Data:	2022 Dec 26	**Site:**	PubMed Central (PMC)
Editora:	Journal of psychiatry and brain science		

[s104] - https://pmc.ncbi.nlm.nih.gov/articles/PMC2799712/

Autor:	Frank Krueger, Aron K Barbey, Kevin McCabe, Maren Strenziok, Giovanna Zamboni, Jeffrey Solomon, Vanessa Raymont, Jordan Grafman	**Título:**	The neural bases of key competencies of emotional intelligence
por:	National Institute of Neurological Disorders and Stroke, National Institutes of Health	**DOI:**	10.1073/pnas.0912568106
Data:	2009 Dec 22	**Site:**	PubMed Central (PMC)
Editora:	Proceedings of the National Academy of Sciences of the United States of America		

[s105] - https://pmc.ncbi.nlm.nih.gov/articles/PMC7181893/

Autor:	Marie Vandekerckhove, Yu-lin Wang	**Título:**	Emotion, emotion regulation and sleep: An intimate relationship
DOI:	10.3934/Neuroscience.2018.1.1	**Data:**	2017 Dec 1
Site:	PubMed Central (PMC)	**Editora:**	AIMS Neuroscience

[s106] - https://pmc.ncbi.nlm.nih.gov/articles/PMC3679190/

Autor:	Shian-Ling Keng, Moria J Smoski, Clive J Robins	**Título:**	Effects of Mindfulness on Psychological Health: A Review of Empirical Studies
DOI:	10.1016/j.cpr.2011.04.006	**Data:**	2011 May 13
Site:	PubMed Central (PMC)		

[s107] - https://pmc.ncbi.nlm.nih.gov/articles/PMC2892678/

Autor:	Sara B Johnson, Robert W Blum, Jay N Giedd	**Título:**	Adolescent Maturity and the Brain: The Promise and Pitfalls of Neuroscience Research in Adolescent Health Policy
DOI:	10.1016/j.jadohealth.2009.05.016	**Data:**	2009 Sep
Site:	PubMed Central (PMC)	**Editora:**	The Journal of adolescent health : official publication of the Society for Adolescent Medicine

[s108] - https://pmc.ncbi.nlm.nih.gov/articles/PMC8395748/

Autor:	Richard D Lane, Ryan Smith	**Título:**	Levels of Emotional Awareness: Theory and Measurement of a Socio-Emotional Skill
DOI:	10.3390/jintelligence9030042	**Data:**	2021 Aug 19
Site:	PubMed Central (PMC)	**Editora:**	Journal of Intelligence

[s109] - https://pmc.ncbi.nlm.nih.gov/articles/PMC6756171/

Autor:	Kara L Kerr, Erin L Ratliff, Kelly T Cosgrove, Jerzy Bodurka, Amanda Sheffield Morris, W Kyle Simmons	**Título:**	Parental Influences on Neural Mechanisms Underlying Emotion Regulation
DOI:	10.1016/j.tine.2019.100118	**Data:**	2019 Jul 20
Site:	PubMed Central (PMC)	**Editora:**	Trends in neuroscience and education

[s110] - https://pmc.ncbi.nlm.nih.gov/articles/PMC5807001/

Autor:	J Hogeveen, C Salvi, J Grafman	**Título:**	‘Emotional Intelligence’: Lessons from Lesions
DOI:	10.1016/j.tins.2016.08.007	**Data:**	2016 Sep 17
Site:	PubMed Central (PMC)	**Editora:**	Trends in neurosciences

[s111] - https://pmc.ncbi.nlm.nih.gov/articles/PMC6866307/

Autor:	Song Wang, Yajun Zhao, Bochao Cheng, Xiuli Wang, Xun Yang, Taolin Chen, Xueling Suo, Qiyong Gong	**Título:**	The optimistic brain: Trait optimism mediates the influence of resting-state brain activity and connectivity on anxiety in late adolescence
por:	Huaxi MR Research Center (HMRRC), Department of Radiology, West China Hospital of Sichuan University; Department of Psychoradiology, Chengdu Mental Health Center; School of Sociology and Psychology, Southwest Minzu University; Department of Radiology, West China Second University Hospital of Sichuan University; Department of Psychology, School of Public Administration, Sichuan University	**DOI:**	10.1002/hbm.24222
Data:	2018 Jun 19	**Site:**	PubMed Central (PMC)
Editora:	Human Brain Mapping		

[s112] - https://pmc.ncbi.nlm.nih.gov/articles/PMC3491815/

Autor:	Richard J Davidson, Bruce S McEwen	**Título:**	Social influences on neuroplasticity: Stress and interventions to promote well-being
DOI:	10.1038/nn.3093	**Data:**	2012 Apr 15
Site:	PubMed Central (PMC)	**Editora:**	Nature neuroscience

[s113] - https://pmc.ncbi.nlm.nih.gov/articles/PMC3679190/

Autor:	Shian-Ling Keng, Moria J Smoski, Clive J Robins	**Título:**	Effects of Mindfulness on Psychological Health: A Review of Empirical Studies
por:	PubMed Central (PMC)	**DOI:**	10.1016/j.cpr.2011.04.006
Data:	2011 May 13	**Site:**	PMC
Editora:	Clinical psychology review		

[s114] - https://pmc.ncbi.nlm.nih.gov/articles/PMC4814782/

Autor:	Christopher N Cascio, Matthew Brook O'Donnell, Francis J Tinney, Matthew D Lieberman, Shelley E Taylor, Victor J Strecher, Emily B Falk	**Título:**	Self-affirmation activates brain systems associated with self-related processing and reward and is reinforced by future orientation
DOI:	10.1093/scan/nsv136	**Data:**	2015 Nov 5
Site:	PubMed Central (PMC)	**Editora:**	Oxford University Press

[s115] - https://pmc.ncbi.nlm.nih.gov/articles/PMC2908186/

Autor:	Eric L Garland, Barbara Fredrickson, Ann M Kring, David P Johnson, Piper S Meyer, David L Penn	**Título:**	Upward Spirals of Positive Emotions Counter Downward Spirals of Negativity: Insights from the Broaden-and-Build Theory and Affective Neuroscience on The Treatment of Emotion Dysfunctions and Deficits in Psychopathology
DOI:	10.1016/j.cpr.2010.03.002	**Data:**	2010 Mar 12
Site:	PubMed Central (PMC)		

[s116] - https://pmc.ncbi.nlm.nih.gov/articles/PMC3679190/

Autor:	Shian-Ling Keng, Moria J Smoski, Clive J Robins	**Título:**	Effects of Mindfulness on Psychological Health: A Review of Empirical Studies
DOI:	10.1016/j.cpr.2011.04.006	**Data:**	2011 May 13
Site:	PubMed Central (PMC)		

[s117] - https://pmc.ncbi.nlm.nih.gov/articles/PMC2921311/

Autor:	Fatih Ozbay, Douglas C Johnson, Eleni Dimoulas, CA Morgan, III, Dennis Charney, Steven Southwick	**Título:**	Social Support and Resilience to Stress: From Neurobiology to Clinical Practice
por:	Yale University School of Medicine, National Center for PTSD, Clinical Neurosciences Division, VA Medical Center, Mount Sinai School of Medicine	**Data:**	2007 May
Site:	PubMed Central (PMC)	**Editora:**	Psychiatry (Edgmont)

[s118] - https://pmc.ncbi.nlm.nih.gov/articles/PMC7647439/

Autor:	Zev Schuman-Olivier, Marcelo Trombka, David A Lovas, Judson A Brewer, David R Vago, Richa Gawande, Julie P Dunne, Sara W Lazar, Eric B Loucks, Carl Fulwiler	**Título:**	Mindfulness and Behavior Change
DOI:	10.1097/HRP.0000000000000277	**Data:**	2020 Nov 6
Site:	PMC (PubMed Central)		

[s119] - https://pmc.ncbi.nlm.nih.gov/articles/PMC1361287/

Autor:	Suzanne C Segerstrom, Gregory E Miller	**Título:**	Psychological Stress and the Human Immune System: A Meta-Analytic Study of 30 Years of Inquiry
DOI:	10.1037/0033-2909.130.4.601	**Data:**	2004 Jul
Site:	PubMed Central (PMC)	**Editora:**	Psychological bulletin

[s120] - https://pmc.ncbi.nlm.nih.gov/articles/PMC4449495/

Autor:	Dariush DFARHUD, Maryam MALMIR, Mohammad KHANAHMADI	**Título:**	Happiness & Health: The Biological Factors- Systematic Review Article
Data:	2014 Nov	**Site:**	PubMed Central (PMC)
Editora:	Iranian Journal of Public Health		

[s121] - https://pmc.ncbi.nlm.nih.gov/articles/PMC4814782/

Autor:	Christopher N Cascio, Matthew Brook O'Donnell, Francis J Tinney, Matthew D Lieberman, Shelley E Taylor, Victor J Strecher, Emily B Falk	**Título:**	Self-affirmation activates brain systems associated with self-related processing and reward and is reinforced by future orientation
DOI:	10.1093/scan/nsv136	**Data:**	2015 Nov 5
Site:	PubMed Central (PMC)	**Editora:**	Social Cognitive and Affective Neuroscience

[s122] - https://pmc.ncbi.nlm.nih.gov/articles/PMC3086654/

Autor:	Elysa Jill Marco, Leighton Barett Nicholas Hinkley, Susanna Shan Hill, Srikantan Subramanian Nagarajan	**Título:**	Sensory Processing in Autism: A Review of Neurophysiologic Findings
por:	University of California, San Francisco	**DOI:**	10.1203/PDR.0b013e3182130c54
Data:	2011 May	**Site:**	PubMed Central (PMC)
Editora:	Pediatric research		

[s123] - https://pmc.ncbi.nlm.nih.gov/articles/PMC6997554/

Autor:	Luigi Balasco, Giovanni Provenzano, Yuri Bozzi	**Título:**	Sensory Abnormalities in Autism Spectrum Disorders: A Focus on the Tactile Domain, From Genetic Mouse Models to the Clinic
por:	Center for Mind/Brain Sciences (CIMeC), University of Trento, Rovereto, Italy; Department of Cellular, Computational and Integrative Biology (CIBIO), University of Trento, Trento, Italy; CNR Neuroscience Institute, Pisa, Italy	**DOI:**	10.3389/fpsyt.2019.01016
Data:	2020 Jan 28	**Site:**	PubMed Central (PMC)
Editora:	Frontiers in Psychiatry		

[s124] - https://pmc.ncbi.nlm.nih.gov/articles/PMC4730891/

Autor:	Sarah H Baum, Ryan A Stevenson, Mark T Wallace	**Título:**	Behavioral, Perceptual, and Neural Alterations in Sensory and Multisensory Function in Autism Spectrum Disorder
por:	Vanderbilt University, University of Toronto	**DOI:**	10.1016/j.pneurobio.2015.09.007
Data:	2015 Oct 9	**Site:**	PubMed Central (PMC)
Editora:	Progress in neurobiology		

[s125] - https://pmc.ncbi.nlm.nih.gov/articles/PMC3010743/

Autor:	Kamila Markram, Henry Markram	**Título:**	The Intense World Theory – A Unifying Theory of the Neurobiology of Autism
por:	Ecole Polytechnique Fédérale de Lausanne	**DOI:**	10.3389/fnhum.2010.00224
Data:	2010 Dec 21	**Site:**	PubMed Central (PMC)
Editora:	Frontiers in Human Neuroscience		

[s126] - https://pmc.ncbi.nlm.nih.gov/articles/PMC5832686/

Autor:	Bianca Acevedo, Elaine Aron, Sarah Pospos, Dana Jessen	**Título:**	The functional highly sensitive brain: a review of the brain circuits underlying sensory processing sensitivity and seemingly related disorders
por:	University of California, Santa Barbara; Stony Brook University	**DOI:**	10.1098/rstb.2017.0161
Data:	2018 Feb 26	**Site:**	PubMed Central (PMC)
Editora:	Philosophical Transactions of the Royal Society B: Biological Sciences		

[s127] - https://pmc.ncbi.nlm.nih.gov/articles/PMC10209352/

Autor:	Patrick Dwyer, Svjetlana Vukusic, Zachary J Williams, Clifford D Saron, Susan M Rivera	**Título:**	"Neural Noise" in Auditory Responses in Young Autistic and Neurotypical Children
DOI:	10.1007/s10803-022-05797-4	**Data:**	2022 Nov 25
Site:	PubMed Central (PMC)	**Editora:**	Springer Open

[s128] - https://pmc.ncbi.nlm.nih.gov/articles/PMC4163495/

Autor:	Katherine Sullivan, Wendy L Stone, Geraldine Dawson	**Título:**	Potential neural mechanisms underlying the effectiveness of early intervention for children with autism spectrum disorder
por:	University of Washington, Duke University	**DOI:**	10.1016/j.ridd.2014.07.027
Data:	2014 Aug 8	**Site:**	PubMed Central (PMC)
Editora:	Research in developmental disabilities		

[s129] - https://pmc.ncbi.nlm.nih.gov/articles/PMC3086654/

Autor:	Elysa Jill Marco, Leighton Barett Nicholas Hinkley, Susanna Shan Hill, Srikantan Subramanian Nagarajan	**Título:**	Sensory Processing in Autism: A Review of Neurophysiologic Findings
por:	University of California, San Francisco	**DOI:**	10.1203/PDR.0b013e3182130c54
Data:	2011 May	**Site:**	PubMed Central (PMC)
Editora:	Pediatric research		

[s130] - https://pmc.ncbi.nlm.nih.gov/articles/PMC3010743/

Autor:	Kamila Markram, Henry Markram	**Título:**	The Intense World Theory – A Unifying Theory of the Neurobiology of Autism
DOI:	10.3389/fnhum.2010.00224	**Data:**	2010 Dec 21
Site:	PubMed Central (PMC)	**Editora:**	Frontiers in Human Neuroscience

[s131] - https://pmc.ncbi.nlm.nih.gov/articles/PMC9688360/

Autor:	Gerry Leisman	**Título:**	On the Application of Developmental Cognitive Neuroscience in Educational Environments
DOI:	10.3390/brainsci12111501	**Data:**	2022 Nov 4
Site:	PubMed Central (PMC)	**Editora:**	Brain Sciences

[s132] - https://pmc.ncbi.nlm.nih.gov/articles/PMC2077351/

Autor:	Simon N Young	**Título:**	How to increase serotonin in the human brain without drugs
por:	McGill University	**Data:**	2007 Nov
Site:	PubMed Central (PMC)	**Editora:**	Journal of Psychiatry & Neuroscience : JPN

[s133] - https://pmc.ncbi.nlm.nih.gov/articles/PMC2805706/

Autor:	Fernando Gómez-Pinilla	**Título:**	Brain foods: the effects of nutrients on brain function
por:	University of California at Los Angeles School of Medicine	**DOI:**	10.1038/nrn2421
Data:	2008 Jul	**Site:**	PubMed Central (PMC)
Editora:	Nature reviews. Neuroscience		

[s134] - https://pmc.ncbi.nlm.nih.gov/articles/PMC5459260/

Autor:	Melinda T Owens, Kimberly D Tanner	**Título:**	Teaching as Brain Changing: Exploring Connections between Neuroscience and Innovative Teaching
por:	Science Education Partnership and Assessment Laboratory, San Francisco State University	**DOI:**	10.1187/cbe.17-01-0005
Data:	2017 Summer	**Site:**	PubMed Central (PMC)
Editora:	CBE Life Sciences Education		

[s135] - https://pmc.ncbi.nlm.nih.gov/articles/PMC9775149/

Autor:	Hagar Goldberg	**Título:**	Growing Brains, Nurturing Minds—Neuroscience as an Educational Tool to Support Students' Development as Life-Long Learners
por:	University of British Columbia	**DOI:**	10.3390/brainsci12121622
Data:	2022 Nov 26	**Site:**	PubMed Central (PMC)
Editora:	Brain Sciences		

[s136] - https://pmc.ncbi.nlm.nih.gov/articles/PMC10410470/

Autor:	Sruthi Sridhar; Abdulrahman Khamaj; Manish Kumar Asthana	**Título:**	Cognitive neuroscience perspective on memory: overview and summary
DOI:	10.3389/fnhum.2023.1217093	**Data:**	2023 Jul 26
Site:	PubMed Central (PMC)	**Editora:**	Frontiers in Human Neuroscience

[s137] - https://pmc.ncbi.nlm.nih.gov/articles/PMC3004979/

Autor:	Britta K Hölzel, James Carmody, Mark Vangel, Christina Congleton, Sita M Yerramsetti, Tim Gard, Sara W Lazar	**Título:**	Mindfulness practice leads to increases in regional brain gray matter density
por:	Massachusetts General Hospital, Harvard Medical School, Boston, MA, USA; Bender Institute for Neuroimaging, Justus Liebig Universität Giessen, Germany; University of Massachusetts Medical School, Worcester, MA, USA	**DOI:**	10.1016/j.pscychresns.2010.08.006
Data:	2010 Nov 10	**Site:**	PubMed Central (PMC)
Editora:	Psychiatry research		

[s138] - https://www.nia.nih.gov/health/brain-health/cognitive-health-and-older-adults

Título:	Cognitive Health and Older Adults	**por:**	National Institute on Aging
Site:	National Institute on Aging	**Editora:**	National Institute of Health

[s139] - https://pmc.ncbi.nlm.nih.gov/articles/PMC2896818/

Autor:	C S Green, D Bavelier	**Título:**	Exercising Your Brain: A Review of Human Brain Plasticity and Training-Induced Learning
por:	University of Minnesota, University of Rochester	**DOI:**	10.1037/a0014345
Data:	2008 Dec	**Site:**	PubMed Central (PMC)
Editora:	American Psychological Association		

[s140] - https://pmc.ncbi.nlm.nih.gov/articles/PMC7366948/

Autor:	Gary W Small, Jooyeon Lee, Aaron Kaufman, Jason Jalil, Prabha Siddarth, Himaja Gaddipati, Teena D Moody, Susan Y Bookheimer	**Título:**	Brain health consequences of digital technology use
DOI:	10.31887/DCNS.2020.22.2/gsmall	**Data:**	2020 Jun
Site:	PubMed Central (PMC)	**Editora:**	Dialogues in Clinical Neuroscience

[s141] - https://pmc.ncbi.nlm.nih.gov/articles/PMC5926798/

Autor:	David A Raichlen, Gene E Alexander	**Título:**	Adaptive Capacity: An evolutionary-neuroscience model linking exercise, cognition, and brain health
por:	University of Arizona, Arizona Alzheimer's Consortium	**DOI:**	10.1016/j.tins.2017.05.001
Data:	2017 Jun 10	**Site:**	PubMed Central (PMC)
Editora:	Trends in neurosciences		

[s142] - https://pmc.ncbi.nlm.nih.gov/articles/PMC3004979/

Autor:	Britta K Hölzel, James Carmody, Mark Vangel, Christina Congleton, Sita M Yerramsetti, Tim Gard, Sara W Lazar	**Título:**	Mindfulness practice leads to increases in regional brain gray matter density
DOI:	10.1016/j.pscychresns.2010.08.006	**Data:**	2010 Nov 10
Site:	PubMed Central (PMC)	**Editora:**	Psychiatry research

[s143] - https://pmc.ncbi.nlm.nih.gov/articles/PMC3335430/

Autor:	Richard L Bryck, Philip A Fisher	**Título:**	Training the Brain: Practical Applications of Neural Plasticity From the Intersection of Cognitive Neuroscience, Developmental Psychology, and Prevention Science
por:	University of Oregon and Oregon Social Learning Center	**DOI:**	10.1037/a0024657
Data:	2011 Jul 25	**Site:**	PubMed Central (PMC)
Editora:	The American Psychologist		

[s144] - https://pmc.ncbi.nlm.nih.gov/articles/PMC7366948/

Autor:	Gary W Small, Jooyeon Lee, Aaron Kaufman, Jason Jalil, Prabha Siddarth, Himaja Gaddipati, Teena D Moody, Susan Y Bookheimer	**Título:**	Brain health consequences of digital technology use
por:	Department of Psychiatry and Biobehavioral Sciences and Semel Institute for Neuroscience and Human Behavior, the UCLA Longevity Center, David Geffen School of Medicine at the University of California, Los Angeles, California, US	**DOI:**	10.31887/DCNS.2020.22.2/gsmall
Data:	2020 Jun	**Site:**	PubMed Central (PMC)
Editora:	Dialogues in Clinical Neuroscience		

[s145] - https://pmc.ncbi.nlm.nih.gov/articles/PMC3622463/

Autor:	Denise C Park, Gérard N Bischof	**Título:**	The aging mind: neuroplasticity in response to cognitive training
por:	The Center for Vital Longevity, School of Brain and Behavioral Sciences, University of Texas at Dallas, Texas, USA	**DOI:**	10.31887/DCNS.2013.15.1/dpark
Data:	2013 Mar	**Site:**	PubMed Central (PMC)
Editora:	Dialogues in Clinical Neuroscience		

[s146] - https://pmc.ncbi.nlm.nih.gov/articles/PMC3445739/

Autor:	DM Curlik, 2nd; TJ Shors	**Título:**	Training your brain: Do mental and physical (MAP) training enhance cognition through the process of neurogenesis in the hippocampus?
por:	Rutgers University	**DOI:**	10.1016/j.neuropharm.2012.07.027
Data:	2012 Aug 5	**Site:**	PubMed Central (PMC)
Editora:	Neuropharmacology		

[s147] - https://pmc.ncbi.nlm.nih.gov/articles/PMC6429408/

Autor:	Martin Dresler, Anders Sandberg, Christoph Bublitz, Kathrin Ohla, Carlos Trenado, Aleksandra Mroczko-Wąsowicz, Simone Kühn, Dimitris Repantis	**Título:**	Hacking the Brain: Dimensions of Cognitive Enhancement
DOI:	10.1021/acschemneuro.8b00571	**Data:**	2018 Dec 14
Site:	PubMed Central (PMC)	**Editora:**	ACS Chemical Neuroscience

[s148] - https://www.nia.nih.gov/health/brain-health/cognitive-health-and-older-adults

Título:	Cognitive Health and Older Adults	**por:**	National Institute on Aging (NIA)
Site:	National Institute on Aging	**Editora:**	National Institutes of Health (NIH)

[s149] - https://pmc.ncbi.nlm.nih.gov/articles/PMC2896818/

Autor:	C S Green, D Bavelier	**Título:**	Exercising Your Brain: A Review of Human Brain Plasticity and Training-Induced Learning
por:	University of Minnesota, University of Rochester	**DOI:**	10.1037/a0014345
Data:	2008 Dec	**Site:**	PubMed Central (PMC)

[s150] - https://pmc.ncbi.nlm.nih.gov/articles/PMC7366947/

Autor:	Margret R Hoehe, Florence Thibaut	**Título:**	Going digital: how technology use may influence human brains and behavior
por:	National Center for Biotechnology Information (NCBI)	**DOI:**	10.31887/DCNS.2020.22.2/mhoehe
Data:	2020 Jun	**Site:**	PubMed Central (PMC)
Editora:	Dialogues in Clinical Neuroscience		

[s151] - https://pmc.ncbi.nlm.nih.gov/articles/PMC7366944/

Autor:	Martin Korte	**Título:**	The impact of the digital revolution on human brain and behavior: where do we stand?
por:	Department of Cellular Neurobiology, Zoological Institute, TU Braunschweig, Germany; Helmholtz Centre for Infection Research, Neuroinflammation and Neurodegeneration Group, Braunschweig, Germany	**DOI:**	10.31887/DCNS.2020.22.2/mkorte
Data:	2020 Jun	**Site:**	PubMed Central (PMC)
Editora:	Dialogues in Clinical Neuroscience		

[s152] - https://pmc.ncbi.nlm.nih.gov/articles/PMC7075496/

Autor:	Kevin P Madore, Anthony D Wagner	**Título:**	Multicosts of Multitasking
por:	National Center for Biotechnology Information (NCBI)	**Data:**	2019 Apr 1
Site:	PubMed Central (PMC)	**Editora:**	Cerebrum: the Dana Forum on Brain Science

[s153] - https://pmc.ncbi.nlm.nih.gov/articles/PMC6176627/

Autor:	Melina R Uncapher, Anthony D Wagner	**Título:**	Minds and brains of media multitaskers: Current findings and future directions
DOI:	10.1073/pnas.1611612115	**Data:**	2018 Oct 1
Site:	PubMed Central (PMC)	**Editora:**	Proceedings of the National Academy of Sciences of the United States of America

[s154] - https://pmc.ncbi.nlm.nih.gov/articles/PMC7366948/

Autor:	Gary W Small, Jooyeon Lee, Aaron Kaufman, Jason Jalil, Prabha Siddarth, Himaja Gaddipati, Teena D Moody, Susan Y Bookheimer	**Título:**	Brain health consequences of digital technology use
por:	Department of Psychiatry and Biobehavioral Sciences and Semel Institute for Neuroscience and Human Behavior, the UCLA Longevity Center, David Geffen School of Medicine at the University of California, Los Angeles, California, US	**DOI:**	10.31887/DCNS.2020.22.2/gsmall
Data:	2020 Jun	**Site:**	PubMed Central (PMC)
Editora:	Dialogues in Clinical Neuroscience		

[s155] - https://pmc.ncbi.nlm.nih.gov/articles/PMC10504808/

Autor:	Ido Hartogsohn, Amir Vudka	**Título:**	Technology and addiction: What drugs can teach us about digital media
por:	Bar Ilan University, Amsterdam University	**DOI:**	10.1177/13634615221105116
Data:	2022 Jul 7	**Site:**	PubMed Central (PMC)
Editora:	Transcultural Psychiatry		

[s156] - https://pmc.ncbi.nlm.nih.gov/articles/PMC6430174/

Autor:	Jason M Lodge, William J Harrison	**Título:**	The Role of Attention in Learning in the Digital Age
Data:	2019 Mar 25	**Site:**	PubMed Central (PMC)
Editora:	The Yale Journal of Biology and Medicine		

[s157] - https://pmc.ncbi.nlm.nih.gov/articles/PMC7075496/

Autor:	Kevin P Madore, Anthony D Wagner	**Título:**	Multicosts of Multitasking
Data:	2019 Apr 1	**Site:**	PubMed Central (PMC)
Editora:	Cerebrum: the Dana Forum on Brain Science		

[s158] - https://pmc.ncbi.nlm.nih.gov/articles/PMC6430174/

Autor:	Jason M Lodge, William J Harrison	**Título:**	The Role of Attention in Learning in the Digital Age
por:	PubMed Central (PMC)	**Data:**	2019 Mar 25
Site:	PMC	**Editora:**	The Yale Journal of Biology and Medicine

[s159] - https://pmc.ncbi.nlm.nih.gov/articles/PMC7366948/

Autor:	Gary W Small, Jooyeon Lee, Aaron Kaufman, Jason Jalil, Prabha Siddarth, Himaja Gaddipati, Teena D Moody, Susan Y Bookheimer	**Título:**	Brain health consequences of digital technology use
DOI:	10.31887/DCNS.2020.22.2/gsmall	**Data:**	2020 Jun
Site:	PubMed Central (PMC)	**Editora:**	Dialogues in Clinical Neuroscience

Fontes de imagem

As imagens não listadas são de criação própria ou foram adquiridas com licença apropriada. Todos os direitos estão reservados para essas imagens.

Para todas as outras imagens listadas aqui:
Nenhuma das imagens foi modificada, apenas a resolução foi ajustada. Na versão eBook, as imagens foram compiladas em colagens numeradas. Todas as imagens permanecem sujeitas à sua licença original e são usadas de acordo com seus respectivos termos de licença. Se você descobrir erros de atribuição ou outras discrepâncias, entre em contato conosco.

Data da revisão final da imagem: 2025-02-13.

Licença utilizada

CC0 http://creativecommons.org/publicdomain/zero/1.0/deed.en

Créditos de imagem

[i1] - 001_001_002_image_axon.jpeg
https://upload.wikimedia.org/wikipedia/commons/1/19/Giant_Axon_of_Squid_%2814356033761%29.jpg

Date:	2014-06-06	**por:**	Netha Hussain
Artista:	NIH History Office	**License:**	Public domain

[i2] - 001_001_002_image_elektronenmikroskop.jpeg
https://upload.wikimedia.org/wikipedia/commons/f/f9/Flea_Scanning_Electron_Micrograph_False_Color.jpg

Date:	2009-08-04	**por:**	Raeky
Artista:	CDC/Janice Haney Carr	**License:**	Public domain

[i3] - 001_001_003_image_creb.jpeg
https://upload.wikimedia.org/wikipedia/commons/4/40/PDB_3dwy_EBI.png

Date:	2009-06-17	**por:**	DonabelSDSU.bot
Artista:	European Bioinformatics Institute	**License:**	Public domain

[i4] - 001_001_003_image_enzyme.jpeg
https://upload.wikimedia.org/wikipedia/commons/1/1c/TPI1_structure.png

Date:	2008-02-27	**por:**	AzaToth
Artista:	Aza	**License:**	Public domain

[i5] - 001_001_003_image_gaba.jpeg
https://upload.wikimedia.org/wikipedia/commons/5/55/GABA_3D_ball.png

Date:	2011-07-24	**por:**	Jynto
License:	CC0		

[i6] - 001_002_001_image_amygdala.jpeg
https://upload.wikimedia.org/wikipedia/commons/9/9d/Amygdala_position.png

Date:	2008-01-16	**por:**	Gustavocarra
Artista:	Unknown authorUnknown author	**License:**	Public domain

[i7] - 001_002_002_image_parietallappen.jpeg
https://upload.wikimedia.org/wikipedia/commons/c/cf/Gross_pathology_of_an_old_cerebral_stroke.jpg

Date:	2021-05-27	**por:**	Mikael Häggström
License:	CC0		

[i8] - 001_002_003_image_anteriore_insula.jpeg
https://upload.wikimedia.org/wikipedia/commons/f/fa/Insular_cortex_of_human_brain_%28left_hemisphere%29.jpg

Date:	2010-10-17	**por:**	KristenLindquist
License:	CC0		

[i9] - 001_003_001_image_elektroenzephalographie.jpeg
https://upload.wikimedia.org/wikipedia/commons/b/bf/EEG_cap.jpg

Date:	12 June 2010	**por:**	Mark viking
Artista:	Thuglas	**License:**	Public domain

[i10] - 001_003_001_image_magnetoenzephalographie.jpeg
https://upload.wikimedia.org/wikipedia/commons/e/e6/NIMH_MEG.jpg

Date:	2009-06-30	**por:**	Oaktree b
Artista:	Unknown NIMH author	**License:**	Public domain

[i11] - 001_003_001_image_magnetresonanztomographie.jpeg
https://upload.wikimedia.org/wikipedia/commons/8/87/Functional_magnetic_resonance_imaging.jpg

Date:	2004-03-08	**por:**	Superborsuk
Artista:	Washington irving	**License:**	Public domain

[i12] - 001_003_001_image_positronenemissionstomographie.jpeg
https://upload.wikimedia.org/wikipedia/commons/2/2a/Pet_scan_of_brain_tumor.jpg

Date:	desconhecido	**por:**	Fæ
Artista:	Unknown photographer	**License:**	Public domain

[i13] - 001_003_002_image_gehirncomputerschnittstellen.jpeg
https://upload.wikimedia.org/wikipedia/commons/4/42/Brain-computer_interface_%28BCI%29_system.jpg

Date:	2014-09-18	**por:**	HgDeviasse
Artista:	https://www.nlm.nih.gov/medlineplus/magazine/issues/summer07/articles/summer07pg20-21.html	**License:**	Public domain

[i14] - 001_003_002_image_neuroplastizitaet.jpeg
https://upload.wikimedia.org/wikipedia/commons/d/de/Neuroplasticity.jpg

Date:	2020-11-11	**por:**	Neuroscience49
Artista:	Lauren Moriarty	**License:**	CC0

[i15] - 001_003_002_image_repetitive_transkranielle_magnetstimulation.jpeg
https://upload.wikimedia.org/wikipedia/commons/6/67/Transcranial_magnetic_stimulation.jpg

Date:	2009-08-11	**por:**	Was a bee
Artista:	Eric Wassermann, M.D.	**License:**	Public domain

[i16] - 001_003_003_image_neurofeedback.jpeg
https://upload.wikimedia.org/wikipedia/commons/f/fb/EEG_early_studies_edited.jpg

Date:	2022-04-23	**por:**	Ras67
Artista:	D Smith	**License:**	Public domain

[i17] - 001_003_003_image_neurophysiologe.jpeg
https://upload.wikimedia.org/wikipedia/commons/9/98/John_Bates_Thurston_%281836%E2%80%931897%29.png

Date:	1895-05-22	**por:**	Nick Number
Artista:	Unknown authorUnknown author	**License:**	Public domain

[i18] - 001_003_003_image_artefakt_eeg.jpeg
https://upload.wikimedia.org/wikipedia/commons/5/5e/Sleep_EEG_REM.png

Date:	19 September 2005	**por:**	OgreBot
Artista:	MrSandman	**License:**	Public domain

[i19] - 002_001_001_image_neurale_vorlaeuferzelle.jpeg
https://upload.wikimedia.org/wikipedia/commons/d/d5/Nanoparticles_in_a_Neural_Cell_%2816017132266%29.jpg

Date:	2014-12-01	**por:**	Vanished Account Byeznhpyxeuztibuo
Artista:	National Institute of Standards and Technology	**License:**	Public domain

[i20] - 002_003_001_image_neurogenese.jpeg
https://upload.wikimedia.org/wikipedia/commons/8/82/Multifunctional_non-histone_chromatin_protein_PC4_is_critical_for_genome_organization_and_neurogenesis.png

Date:	2006-09-18	**por:**	Yeeshushrm123
Artista:	Tapas Kumar kundu	**License:**	CC0

[i21] - 002_003_001_image_dopamin.jpeg
https://upload.wikimedia.org/wikipedia/commons/d/d1/Dopamine-3D-struct.png

Date:	22 September 2009	**por:**	File Upload Bot (Magnus Manske)
Artista:	Chemgirl131	**License:**	Public domain

[i22] - 003_001_003_image_botulinumtoxin.jpeg
https://upload.wikimedia.org/wikipedia/commons/6/63/Botulinum_A1_6DKK.png

Date:	2020-04-09	**por:**	5-HT2AR
License:	CC0		

[i23] - 003_001_003_image_orthese.jpeg
https://upload.wikimedia.org/wikipedia/commons/2/27/Custom_ankle-foot_orthotic.png

Date:	2024-06-06	**por:**	Whoisjohngalt
License:	CC0		

[i24] - 003_001_003_image_schlaganfall.jpeg
https://upload.wikimedia.org/wikipedia/commons/7/74/Histopathology_of_ischemic_stroke_of_the_thalamus_at_approximately_24_hours.jpg

Date:	2021-04-15	**por:**	Mikael Häggström
License:	CC0		

[i25] - 003_002_001_image_astrozyt.jpeg
https://upload.wikimedia.org/wikipedia/commons/2/29/Astrocyte_Green1.jpg

Date:	1990-06-01	**por:**	Dantecat
License:	Public domain		

[i26] - 003_002_003_image_glymphatisches_system.jpeg
https://upload.wikimedia.org/wikipedia/commons/4/43/Astrocytes.jpg

Date:	10/1/12	**por:**	Jacopo Werther
Artista:	Jeffery J. Iliff	**License:**	Public domain

[i27] - 003_002_003_image_schlafarchitektur.jpeg
https://upload.wikimedia.org/wikipedia/commons/3/3a/A_child_sleeping.jpg

Date:	2007-04-23	**por:**	Alessandro Zangrilli
License:	Public domain		

[i28] - 003_003_002_image_bluthirnschranke.jpeg
https://upload.wikimedia.org/wikipedia/commons/3/39/Unctional_complex_and_pinocytotic_vesicles_-_embryonic_brain_-_TEM.jpg

Date:	2006-11-02	**por:**	Patho
Artista:	Louisa Howard, Miguel Marin-Padilla	**License:**	Public domain

[i29] - 003_003_003_image_neuronale_regeneration.jpeg
https://upload.wikimedia.org/wikipedia/commons/5/5c/Polina_Anikeeva_for_National_Science_Foundation.jpg

Date:	2016-02-29	**por:**	GRuban
Artista:	Credit: National Science Foundation	**License:**	Public domain

[i30] - 004_001_001_image_posterior_cingulaerer_kortex.jpeg
https://upload.wikimedia.org/wikipedia/commons/d/de/MRI_posterior_cingulate.png

Date:	2011-09-08	**por:**	Jul059
Artista:	Geoff B Hall	**License:**	CC0

[i31] - 004_001_002_image_metakognition.jpeg
https://upload.wikimedia.org/wikipedia/commons/d/d8/Open_head_with_letters.jpg

por:	Anvilaquarius	**Artista:**	Unknown authorUnknown author
License:	Public domain		

[i32] - 004_001_003_image_perspektivuebernahme.jpeg
https://upload.wikimedia.org/wikipedia/commons/b/b9/Taking_a_new_perspective_to_the_CN_Tower_%28Unsplash%29.jpg

Date:	2017-01-31	**por:**	Fæ
Artista:	alx_andru	**License:**	CC0

[i33] - 004_001_003_image_achtsamkeit.jpeg
https://upload.wikimedia.org/wikipedia/commons/c/c1/School_children_meditating.jpg

Date:	2014-10-13	**por:**	Farang Rak Tham
Artista:	Kochphon (Honey) Onshawee	**License:**	CC0

[i34] - 004_002_001_image_orbitofrontaler_kortex.jpeg
https://upload.wikimedia.org/wikipedia/commons/f/f6/MRI_of_orbitofrontal_cortex.jpg

Date:	2006-03-08	**por:**	Choms
Artista:	talk	**License:**	Public domain

[i35] - 004_002_002_image_cortisol.jpeg
https://upload.wikimedia.org/wikipedia/commons/0/06/Cortisol-3D-spacefill.png

Date:	2011-03-12	**por:**	Jynto
License:	CC0		

[i36] - 004_002_002_image_dhea.jpeg
https://upload.wikimedia.org/wikipedia/commons/e/e3/Dehydroepiandrosterone_molecule_ball.png

Date:	2018-03-25	**por:**	Jynto
License:	CC0		

[i37] - 004_002_002_image_selbstmitgefuehl.jpeg
https://upload.wikimedia.org/wikipedia/commons/f/f3/Compassion_Nederland.jpg

Date:	2015-06-28	**por:**	Apdency
License:	CC0		

[i38] - 004_002_003_image_belohnungszentrum.jpeg
https://upload.wikimedia.org/wikipedia/commons/9/9a/Okihide_Hikosaka_DSC_8070.jpg

Date:	2019	**por:**	Oaktree b
Artista:	Unknown authorUnknown author	**License:**	Public domain

[i39] - 004_003_002_image_gehirn.jpeg
https://upload.wikimedia.org/wikipedia/commons/5/50/Computed_tomography_of_human_brain_-_large.png

Date:	Uploaded	**por:**	Shashi.
Artista:	Mikael Häggström	**License:**	CC0

[i40] - 004_003_003_image_neokortex.jpeg
https://upload.wikimedia.org/wikipedia/commons/6/67/Neocortex-thalamus-brainstem.jpg

Date:	2005-11-30	**por:**	U3116429
Artista:	John A Beal, PhD Dep't. of Cellular Biology & Anatomy, Louisiana State University Health Sciences Center Shreveport	**License:**	CC0

[i41] - 004_003_003_image_yoga.jpeg
https://upload.wikimedia.org/wikipedia/commons/2/20/Yoga_Room_-_11_RAW-Export_%28Sergej_Majboroda_via_Poly_Haven%29.png

Date:	08.3.2023	**por:**	PantheraLeo1359531
Artista:	https://polyhaven.com/all?a=Sergej%20Majboroda	**License:**	CC0

[i42] - 004_003_003_image_laermschutzkopfhoerer.jpeg
https://upload.wikimedia.org/wikipedia/commons/f/fd/Bose_QC2_in_Case_1.jpg

Date:	12 August 2005	**por:**	File Upload Bot (Magnus Manske)
Artista:	Mark Kim	**License:**	Public domain

[i43] - 005_001_002_image_hippocampus.jpeg
https://upload.wikimedia.org/wikipedia/commons/c/c9/Hippocampus-mri.jpg

Date:	2006-05-31	**por:**	Mfirbank
Artista:	Michael Firbank	**License:**	Public domain

[i44] - 005_002_003_image_kognitive_funktionen.jpeg
https://upload.wikimedia.org/wikipedia/commons/c/c9/Cognitive_Performance_%288638274%29.jpg

Date:	Taken	**por:**	OptimusPrimeBot
Artista:	Nathan Baker	**License:**	Public domain

[i45] - 005_002_003_image_kognitives_training.jpeg
https://upload.wikimedia.org/wikipedia/commons/4/4f/Cognitive_Performance_%288638272%29.jpg

Date:	Taken	**por:**	OptimusPrimeBot
Artista:	Nathan Baker	**License:**	Public domain

[i46] - 005_003_001_image_weisse_substanz.jpeg
https://upload.wikimedia.org/wikipedia/commons/b/be/Histopathology_of_brain_sand_%28corpus_arenaceum%29_in_cerebral_white_matter.jpg

Date:	2021-03-30	**por:**	Mikael Häggström
License:	CC0		

[i47] - 005_003_003_image_intervention.jpeg
https://upload.wikimedia.org/wikipedia/commons/8/82/White_Matter_Lesions_%2848601156232%29.jpg

Date:	2019-08-08	**por:**	Ser Amantio di Nicolao
Artista:	NIH Image Gallery	**License:**	Public domain

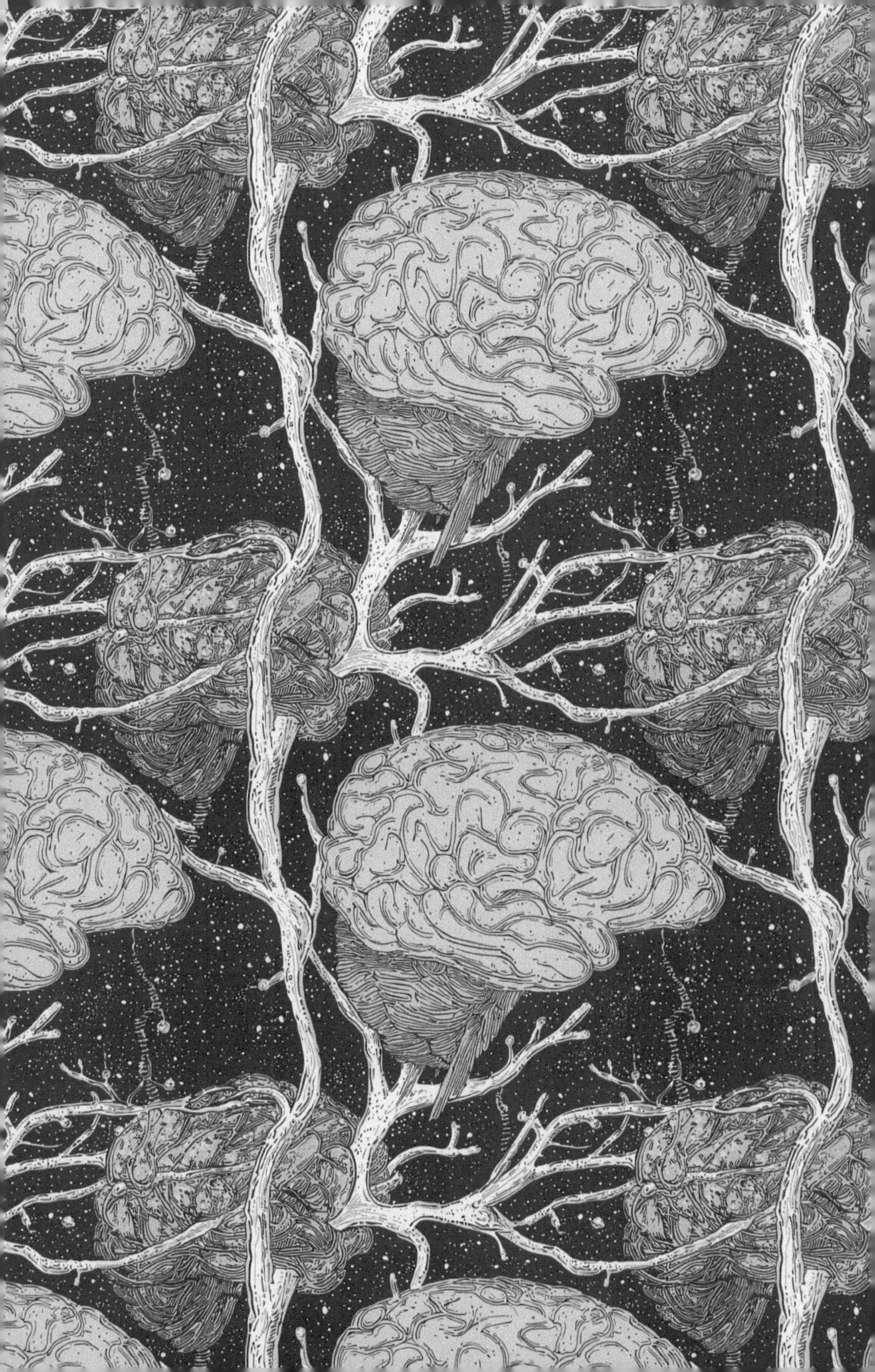

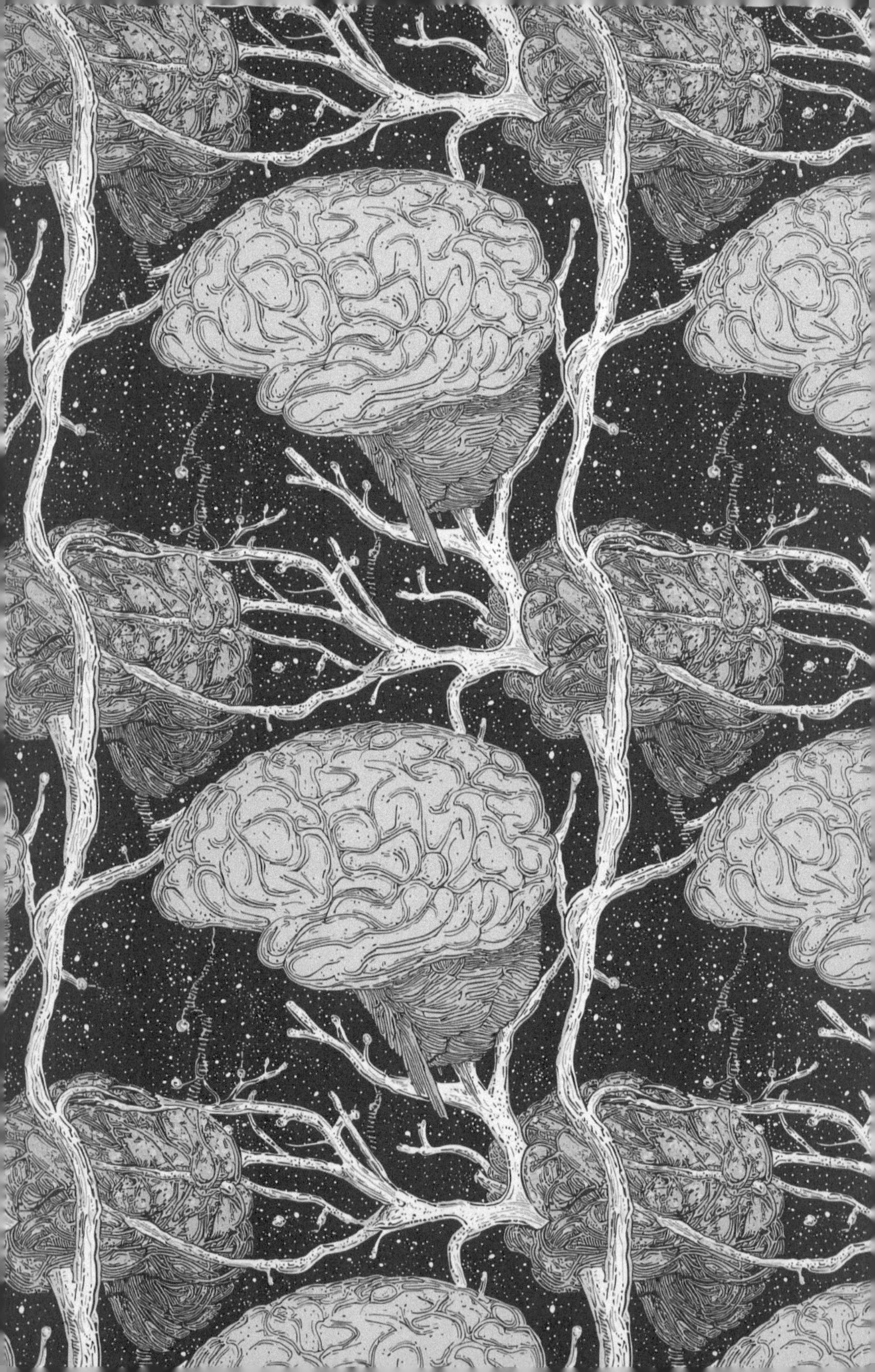

FSC
www.fsc.org
MIX
Papier | Fördert
gute Waldnutzung
FSC® C083411

Kolibri 360 GmbH
Ferdinand-Jühlke-Straße 7
99095 Erfurt, Deutschland
produktsicherheit@kolibri360.de